『ふよう1号』SAR
1992年4月21日
分解能 18 m

『だいち』PALSAR
2006年4月27日
分解能 10 m

『だいち2号』PALSAR-2
2014年6月19日
分解能 3 m

（a）浦安市付近（ディズニーランド）の『ふよう1号』と『だいち』,『だいち2号』の衛星画像の比較

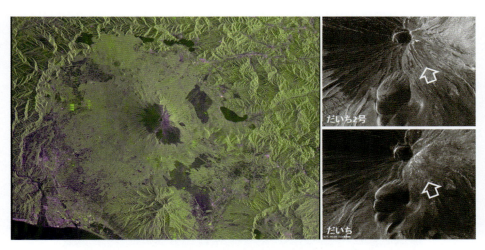

（b）左：富士山周辺（偏波のデータを用いた疑似カラー画像：大まかに緑色が植生，明るい紫色や黄緑色が市街地，暗い紫色は裸地）
　　右：拡大写真（右上：『だいち2号』，右下：『だいち』。特に矢印箇所で空間分解能を比較できる）

口絵1　『ふよう1号』,『だいち』,『だいち2号』により観測された衛星画像
（図8.11）

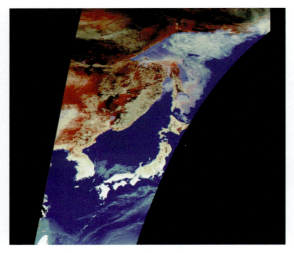 

（a）環境観測技術衛星みどり2号でとらえた日本列島　　（b）発達中の低気圧に伴う
　　（カラー合成画像）　　　　　　　　　　　　　　　　　　降雨の拡がり

口絵2　環境観測技術衛星みどり2号でとらえた日本列島と発達中の低気圧に伴う
　　　　降雨の拡がり（図8.12）

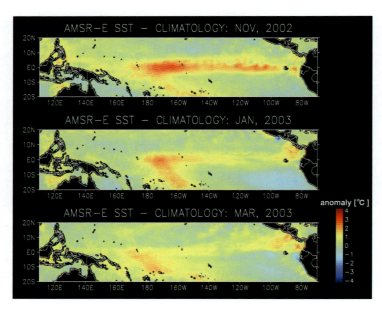

口絵3　地球観測衛星AQUAによって観測されたエルニーニョ現象（図8.13（b））
　　　　2002年11月（上段），2003年1月（中段），2003年3月（下段）

はじめて学ぶ情報通信

理学博士 和保　孝夫 編著

博士(工学) 小川　将克
博士(工学) 高橋　　浩
博士(工学) 萬代　雅希
博士(工学) 渋谷　智治　共著
博士(工学) 林　　　等
博士(工学) 炭　　親良

コロナ社

──── 編著者・執筆者一覧 ────

○編著者

和保孝夫

○執筆者（執筆順）

和保孝夫（上智大学）：1〜3章
小川将克（上智大学）：4章
高橋　浩（上智大学）：5章
萬代雅希（上智大学）：6章
渋谷智治（上智大学）：7章
林　　等（上智大学）：8章1〜2節
炭　親良（上智大学）：8章3節

（2016年8月現在）

まえがき

　近年，スマートフォンや携帯電話，タブレットなどの情報端末が日常生活を送るうえで不可欠となり，ともすると，端末画面上で展開される多彩なサービスに目を奪われがちである．しかし，端末画面の「向こう側」には，世界中に張り巡らされた巨大なネットワークがあり，大量のデータを蓄積したサーバにつながっていて，さらに，膨大な情報の流れをコントロールする巧妙な仕組みが存在する．それらを内包する世界規模の情報通信システムが今日の情報化社会の基盤となり，今なお進化し続けている．

　本書は，このような情報通信システムを勉強したいと考えている初学者を対象に，できるだけ平易な言葉で，基本的事項を説明することを目的としている．情報通信は多くの要素技術が総合化された技術体系で，従来のカリキュラムでは，それらの要素技術を十分に学んだうえで情報通信に進むことが多かった．それに対して，専門課程に進む前の学生に「一般教養」として情報通信の全体像を学ぶことを目的として本書を執筆した．全体を俯瞰したうえで，興味をもった分野をさらに学べばよい．専門的な内容に踏み込んだときに，なぜそれが必要かを広い枠組みの中で理解し，将来，どの方向に進んだらよいかの指針を得るために，本書で学んだことが役立つことを期待している．初学者が短時間でその全体像を俯瞰することは容易なことではない．それは読者の挑戦であるが，じつは，本書を企画したわれわれの挑戦でもある．

　通信工学という分野は昔からあった．19世紀に遡る電信電話サービスの開始以来，さまざまな技術が蓄積されてきた．現在でも基本的な骨組みとしては変わらない部分も多い．しかし，半導体技術の驚異的な進歩により，取り扱うことのできる情報量が爆発的に増加し，それが超高速でネットワーク上を行き交うようになった．インターネット上で展開される新しいビジネス，ビッグデータに象徴される新しい社会的枠組み，再び脚光を浴びている人工知能，な

どを考えると，もはや従来の通信工学の枠組みではとらえきれない革新的な概念がつぎつぎに誕生しているのが現実である。このような意味で，本書では「情報通信」という言葉にこだわった。最先端の情報通信システムに関する詳細な議論を展開することは本書の範囲を超えるが，少しでも，その入口を示すことができるよう配慮した。

取り上げた題材は慎重に選択したつもりである。最先端技術はいずれ鮮度が落ち，陳腐化してしまう。しかし，時を経ても変わらない，芯となっているテクノロジーの本質は何なのか，われわれは絶えず頭に思い描きながら執筆を進めた。必ずしも意図したことが十分に表現し尽くされていない部分もあるかもしれないが，読者の新鮮な想像力で行間を埋めてほしい。本書は，それぞれの分野の専門家が分担して執筆したが，各章の内容だけでも優に1冊の教科書になるほどの技術的な拡がりがあり，思わぬ誤解があるかもしれない。読者の皆さまからご指摘をいただければ幸いである。

また，本書演習問題の解答はコロナ社の web ページ[†]からダウンロードできるので，ぜひ活用していただきたい。

最後に改めて本書の目的を記す。

(1) 身近な例を取り上げて情報通信の重要性を示す。
(2) ハードウェア，ソフトウェアの両面から情報通信システムの基礎を示し，今後の新たな展開にも柔軟に対応できる技術力が養えるよう手助けをする。
(3) 情報通信システムがさまざまな要素技術から構築されていることを示し，将来，この分野を体系的に学んでいくうえでの指針を与える。

情報通信は，もはや単なる技術を超えて社会の基盤となり，人類共通の財産になっている。それを学んでいくことが読者の喜びとなり，その積み重ねが，安心して暮らせる豊かな社会の実現につながるであろうことを願っている。

2016 年 8 月

編著者　和保孝夫

[†] http://www.coronasha.co.jp/np/isbn/9784339028577/

目　　次

1. 情報通信とは

1.1　情報通信ネットワーク ·· 1
　1.1.1　情報通信で使われる信号と送受信機 ···························· 2
　1.1.2　無線通信と光ファイバ通信 ······································ 4
　1.1.3　インターネットへの接続とセキュリティ ························ 5
　1.1.4　情報通信技術の応用 ·· 6
1.2　学習の指針 ·· 7
演　習　問　題 ·· 8

2. 情報通信における信号

2.1　時間領域と周波数領域 ·· 9
2.2　アナログとディジタル ·· 13
　2.2.1　アナログ/ディジタル変換 ······································ 13
　2.2.2　サンプリング ·· 15
　2.2.3　ディジタル化のメリット ······································ 18
2.3　変　　　調 ·· 19
　2.3.1　アナログ変調 ·· 20
　2.3.2　ディジタル変調 ·· 22
　2.3.3　コンスタレーション ·· 24
　2.3.4　直　交　変　調 ·· 26
2.4　CDMA ·· 27

演習問題 ……………………………………………………………………… 30

3. 送受信機

3.1 振幅変調を用いた送受信 ………………………………………………… 31
   3.1.1 時 間 領 域 ………………………………………………………… 32
   3.1.2 周 波 数 領 域 ……………………………………………………… 35
3.2 送受信機の構成と機能 …………………………………………………… 39
   3.2.1 構　　　　成 ……………………………………………………… 39
   3.2.2 受 信 経 路 ………………………………………………………… 41
   3.2.3 回路の非線形性 …………………………………………………… 44
   3.2.4 イメージ信号の除去 ……………………………………………… 46
   3.2.5 出 力 経 路 ………………………………………………………… 47
演習問題 ……………………………………………………………………… 48

4. 無線通信

4.1 通信ネットワークの構成とつながる仕組み …………………………… 49
   4.1.1 移動通信ネットワークの概要 …………………………………… 49
   4.1.2 第3世代の移動通信ネットワーク ……………………………… 50
   4.1.3 第4世代の移動通信ネットワーク ……………………………… 52
4.2 無線アクセスネットワーク ……………………………………………… 56
   4.2.1 複 信 方 式 ………………………………………………………… 56
   4.2.2 多元接続方式 ……………………………………………………… 58
   4.2.3 多元接続方式と複信方式の組合せ ……………………………… 62
4.3 電波の性質とセル間干渉対策 …………………………………………… 63
   4.3.1 電 波 の 発 生 ……………………………………………………… 63
   4.3.2 回 折 と 反 射 ……………………………………………………… 65
   4.3.3 伝 搬 損 失 ………………………………………………………… 66
   4.3.4 干渉抑止対策 ……………………………………………………… 68

4.4 近距離無線通信 ··· 69
  4.4.1 無線LAN：IEEE802.11規格 ·· 69
  4.4.2 Bluetooth ·· 85
演 習 問 題 ··· 87

5. 光ファイバ通信

5.1 通信ネットワークの役割 ··· 89
5.2 光 フ ァ イ バ ·· 91
  5.2.1 通信に光を用いる理由 ·· 91
  5.2.2 光ファイバの概要 ·· 93
  5.2.3 光ファイバ中の光の伝搬 ·· 95
  5.2.4 光ファイバの長所 ·· 98
5.3 光ファイバ伝送システム ··· 99
  5.3.1 送信・受信の基本構成 ·· 99
  5.3.2 発光素子と受光素子 ·· 100
  5.3.3 時 分 割 多 重 ··· 103
  5.3.4 短パルス化における課題 ··· 104
  5.3.5 波 長 分 割 多 重 ··· 106
  5.3.6 波 長 分 波 器 ··· 107
  5.3.7 多値位相変調伝送 ··· 108
演 習 問 題 ··· 109

6. インターネット

6.1 インターネットの仕組み ··· 111
  6.1.1 IP ア ド レ ス ··· 111
  6.1.2 DNS ·· 119
6.2 インターネット上のサービス ·· 124
  6.2.1 検 索 サ ー ビ ス ··· 124

6.2.2　コミュニケーションツール……………………………………… 128
　6.2.3　ソーシャルネットワーキングサービス…………………………… 129
　6.2.4　インターネットショッピング……………………………………… 130
　6.2.5　動　画　配　信……………………………………………………… 131
演　習　問　題………………………………………………………………… 132

7. 誤り訂正と暗号

7.1　通信プロトコル………………………………………………………… 133
　7.1.1　通信プロトコルの必要性…………………………………………… 133
　7.1.2　プロトコルの階層化………………………………………………… 134
7.2　通信の信頼性向上と符号化…………………………………………… 139
　7.2.1　パケットエラーの補償……………………………………………… 139
　7.2.2　誤り訂正符号………………………………………………………… 141
7.3　通信内容の秘匿と暗号………………………………………………… 144
　7.3.1　情報通信システムにおけるセキュリティ………………………… 144
　7.3.2　通信内容の暗号化…………………………………………………… 145
　7.3.3　秘　密　鍵　暗　号………………………………………………… 149
　7.3.4　公　開　鍵　暗　号………………………………………………… 150
　7.3.5　改ざん検出と相手認証……………………………………………… 153
演　習　問　題………………………………………………………………… 155

8. 情報通信技術の応用

8.1　RFID……………………………………………………………………… 157
　8.1.1　特　　　　　徴……………………………………………………… 157
　8.1.2　構　成　と　分　類………………………………………………… 158
　8.1.3　応　用　分　野……………………………………………………… 162
　8.1.4　位置推定システム：GPSなど……………………………………… 162
　8.1.5　バ　ー　コ　ー　ド………………………………………………… 165

8.1.6　非接触ICカード ……………………………………………… 166
8.2　IoTとセンサネットワーク ……………………………………………… 168
　　　8.2.1　IoT ……………………………………………………………… 168
　　　8.2.2　センサネットワーク …………………………………………… 168
　　　8.2.3　スマートメータネットワーク ………………………………… 169
8.3　リモートセンシング ……………………………………………………… 171
　　　8.3.1　通信との類似性 ………………………………………………… 172
　　　8.3.2　観測衛星を使ったリモートセンシング ……………………… 173
演　習　問　題 ………………………………………………………………… 178

引用・参考文献 ……………………………………………………… 179
索　　　　引 …………………………………………………………… 184

談　話　室
　ソフトウェア無線 ……………………………………………………… 48
　移動通信の歴史 ………………………………………………………… 88
　光通信は成長しすぎ？ ………………………………………………… 110
　誤り訂正符号/暗号化の歴史 …………………………………………… 156

1

情報通信とは

　スマートフォン（smartphone）で通話ができるのはなぜか，データベースにアクセスできるのはなぜか，近い将来，どのようなサービスが可能か，これらの問いに答えるためには，スマートフォンやデータベースをつなぐ情報通信ネットワークについて理解する必要がある。本章ではそれを概観するとともに，後に続く本書の各章との対応を述べ，本書の構成について説明する。さらに，この分野を学習していくうえでの指針を述べる。

1.1　情報通信ネットワーク

　スマートフォンや従来型の携帯電話（以下，携帯電話），タブレット端末など，われわれが情報をやり取りするときに実際に手にする機器のことを情報通信端末，あるいは単に通信端末と呼ぶ。今，端末 A をもっていて，端末 B をもつ相手と通信したり，インターネットを介して情報を取得することを考える。図 1.1 にはこれらの端末間やインターネットをつなぐ情報通信ネットワー

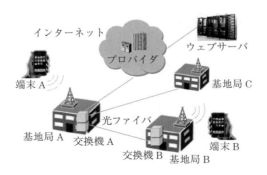

図 1.1　情報通信ネットワークのイメージ

クのイメージを示す。端末 A から発信した情報は最寄りの基地局 A から遠方の基地局 B を経由して端末 B に届く。また，基地局 A はインターネットとつながっていて，ウェブサーバと情報のやり取りをする。これらの経路については以下で順を追って説明するが，その前に，このような情報通信に使われる信号について考えてみる。

1.1.1　情報通信で使われる信号と送受信機

　端末 A では，音や入力データを電波に変えて基地局と通信する。音は 20 Hz～20 kHz の周波数をもつ空気の振動であるのに対して，電波はそれよりはるかに高い周波数で振動する電磁波である。このように端末のユーザが使う信号と，実際の通信に使う信号とは，その形態が異なることになる。送りたい信号を通信に適した信号に変換することを変調と呼ぶ。その逆に，端末 B では受信した電波からもとの音声を再生しなければならない。これを復調と呼ぶ。また，これらを合わせて変復調と呼ぶ。特に近年では，より多くの情報を効率的に伝えるために，さまざまな変復調方式が開発され，情報通信量の飛躍的な増加を可能にした。また，情報は基本的にディジタル的に処理されるが，電波や音声はアナログ信号なので，情報通信分野ではディジタルとアナログを相互に変換する必要がある。これらの信号の変換方法や代表的な変調方式について 2 章で説明する。

　図 1.1 に戻り，端末 A や端末 B が通信に使う電波について考える。**図 1.2** に示すように，電波は放送や業務用の通信など，広く一般の通信に利用され，その周波数により用途が決められている。電波は，電界または磁界が周期的に変化しながら空間を伝搬する波であり，周波数はその周期の逆数で，1 秒間に電界または磁界が何回振動するかを意味する。ラジオ放送を受信するとき，受信機のチューナをその周波数に合わせることで所望の放送局から送られる放送を聞くことができる。本書では，電波と電磁波をほぼ同義で用いるが，わが国の「放送法」では，300 万 MHz 以下〔すなわち 3 THz（テラヘルツ）以下〕の電磁波を電波と呼ぶことが定められている。

1.1 情報通信ネットワーク　　3

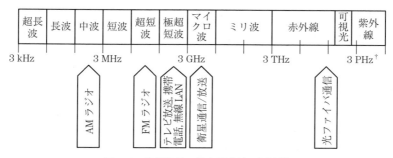

図 1.2　情報通信で使う電磁波の周波数

　放送も含めて異なる通信システムが，同じ物理現象である電波を利用するため，互いに混信しないように，使用できる電波の周波数が厳密に定められている．また，同じ携帯電話サービスであっても，ある周波数の範囲でごくわずかに違う複数の周波数が割り当てられたチャネルが用意されていて，その中から一つのチャネルをユーザが使って通信する．このような状況を考えると，端末Aはあらかじめ割り当てられたチャネルの周波数をもつ電波しか発信してはいけないことになる．そうしないと，他のユーザから見たとき，妨害電波を出している，と見なされてしまうのである．

　電波を受信する端末Bでは，状況がもっと複雑である．空中にはテレビ放送の電波など，さまざまな電波が行き交っていて，これらの電波が端末Bで受信される可能性がある．もちろん端末Bでは，このような多くの電波の中から，端末Aと通話するために割り当てられた周波数のチャネルの電波のみを選択してスピーカで再生する必要がある．たまたま運悪く，端末Bの近くに別のチャネルが割り当てられたユーザの端末があり，それが電波を発信しているとすると，遠くの基地局のアンテナから端末Bが受信したい所望の電波よりはるかに強い電波が隣から発信されていることになる．送受信に必要なこれらの条件を満足するため，各端末には特別な仕掛けが備わっている．3章ではそれらについて説明する．

---

† 1 PHz（ペタヘルツ）= 10^{15} Hz．単位の接頭語：k（キロ）= 10^3，M（メガ）= 10^6，G（ギガ）= 10^9，T（テラ）= 10^{12}，P（ペタ）= 10^{15}，E（エクサ）= 10^{18}．

1.1.2 無線通信と光ファイバ通信

再び図1.1に戻って,端末Aと端末Bがつながる仕組みを考えてみる。もちろん,これらの2台の端末は直接電波をやり取りしているわけではなく,基地局Aおよび基地局Bを経由して信号が届くことはすでに述べた。基地局Aでは,端末Aから受け取った電波からその相手先が端末Bであることを知り,端末Bの最寄りの基地局Bに宛てて通話内容を送信する。基地局Aのアンテナでは,端末A以外にも近くにある他の端末から送られてくる電波も受信する。そこで基地局では,このように多くのユーザから送られてくる情報を,それぞれの相手先に適切に振り分ける機能が必要になる。基地局に設置された交換機と呼ばれる装置がその役割を担っている。

相手先の情報端末が送信元と同じ基地局と通信していることはまれで,多くの場合,相手は遠く離れた場所にある基地局と通信できる状況にある。そこで,送信情報は基地局間をつなぐ光ファイバで相手先の基地局の交換機に送られ,その後,基地局に設置されたアンテナから電波で相手の情報端末に届けられることになる。情報端末は移動することを前提にしており,通話中に最寄りの基地局が変わる場合もありうる。そのとき,通話が途切れないように,基地局間で端末情報を受け渡すための特別な仕掛けがある。無線通信はスマートフォンや携帯電話だけでなく,タブレット端末で使われるWi-Fi[†1]に代表される無線LAN(local area network:構内通信網)や,Bluetooth[†2]などの機器間のワイヤレス接続などでも利用される。このような無線通信について,関連技術も合わせて4章で説明する。

基地局間の通信には,図1.1で示したように,多くの情報を同時に送信できる光ファイバが使われている。それぞれの基地局に置かれた交換機は,光ファイバによって網目状に接続されている。光ファイバは細い繊維状のガラスで,光の強弱に変換された情報を遠方まで伝えることができる。日本全国のみならず,大陸間にも光ファイバを内蔵した海底ケーブルが設置されていて,地球規

[†1] Wi-Fi:4.4.1項参照。
[†2] Bluetooth:4.4.2項参照。

模のネットワークを構成している。また，多くのユーザの情報を一つの光信号にまとめて送信している。光ファイバ通信で使われる光も電磁波の一種で，200 THz 前後の周波数を有する。電波と合わせて図 1.2 に示した。このような光ファイバ通信について 5 章で説明する。

1.1.3　インターネットへの接続とセキュリティ

さて，スマートフォンや携帯電話は相手との通話だけでなく，インターネットに接続して，さまざまなデータベースにアクセスし，情報検索をすることにも利用される。図 1.1 では，交換機 A が，端末 A から送られた信号の宛先がインターネットと接続されたウェブサーバだと判断した場合，しかるべきプロバイダを介して目的とするウェブサーバに接続される様子を示した。インターネットには多数のコンピュータが接続されていて，互いに情報をやり取りしている。そのためにはスマートフォンや携帯電話の電話番号のように，相手を識別するための固有番号が必要であり，IP（internet protocol）アドレス[1]と呼ばれている。また，LINE[2]，Facebook[3] などは，スマートフォンや携帯電話がインターネットを介してそれぞれのサーバと接続されることで，はじめて可能になったサービスである。これらについて 6 章で説明する。

このように，現代社会では，さまざまな種類の，膨大な数に及ぶ情報機器が相互に接続された巨大な情報通信ネットワークが構築されている。それらを稼働させるために必要なエネルギーは無視できない量になっており，限られた資源で，できるだけ多くの情報を，間違えずに伝えることが大きな課題になっている。さらに，近年，われわれの日常生活がこれらの通信ネットワークに強く依存するようになったため，情報が第三者に漏れたり，第三者が情報通信に介入したりすることを防ぐための，セキュリティの強化が重要な課題になってきた。そのために堅固な暗号技術の開発が望まれており，これに関して 7 章で説

---

[1] IP アドレス：6.1 節参照。
[2] LINE：6.2.2 項〔2〕参照。
[3] Facebook：6.2.3 項〔1〕参照。

明する。

1.1.4　情報通信技術の応用

このようにしてできあがった情報通信システムは，スマートフォンや携帯電話の通信だけではなく，さまざまな分野に応用されていることにも注目しなければならない。電車に乗るときに使うIC乗車券は，情報通信技術を応用することではじめて可能になったサービスの一例である。IC乗車券には固有の番号が割り振られていて，改札口でそれをかざすことにより駅などにあるサーバと情報通信を行い，チャージ金額や有効乗車区間などを即座に照合できるようになっている。自動車のナビゲーションシステムやスマートフォンの位置情報検出で利用されているGPS（global positioning system：全地球測位システム）も身近な情報通信システムの例である。最近は，ICカード以外にも多くのものにセンサや通信機能を取り付け，それらの情報をやり取りしたり，サーバで情報を集約して管理することで，人の移動に合わせた照明や暖房の適切な制御を行ったり，物流管理，在庫管理などに役立てられている。観測用衛星を用いた気象予測や，海洋にセンサブイを投下して行う海水温度やCO_2濃度の自動測定なども，情報通信技術を応用した例である。海洋観測が無人で広範囲を低コストでカバーできるようになったことで，環境保全にも有効活用されることが期待できる。これらの情報通信技術の応用について8章で説明する。

以上の説明をまとめて，本書の構成イメージを**図1.3**に示す。「物理的」と

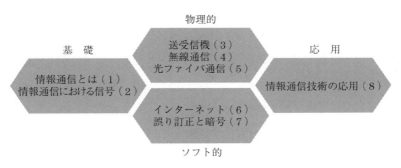

図1.3　本書の構成イメージ（括弧内の数字は章番号）

は，主に物体として存在する情報通信ネットワークであり，電気信号や電波，光などの物理現象として情報を表現することを前提に構築された通信技術を意味する。いわゆるハードウェアにかかわる部分であるといってもよい。これに対して「ソフト的」とは，物理的に構築されたネットワークが正常に機能するために必要な方式，および制御にかかわる部分であり，通信技術の数理的な側面に焦点を当てている。物理現象に依存しない抽象的な量，例えば「0」，「1」，で情報は表現される。もちろん，これらは相互に密接に関連し合っているわけで，明確に分離することはできないが，説明をわかりやすくするために，便宜的に分けたと考えていただきたい。

1.2 学習の指針

1.1 節で説明したように，情報通信にはさまざまな技術が内包されていて，それらが高度に組み合わされ巨大なシステムとして機能している。一見すると通信とは無関係に見える製品やサービスでも，情報通信システムと切り離して考えることはできなくなっている。すべてのものが相互に通信し合い，それに接続された人工知能も活用することで，省エネルギー（以下，省エネ）はもちろんのこと，快適に暮らすことができる安全な社会の実現を目指す取組みも始まっている。そのためにも，情報通信の基礎を体系的に学ぶ意義はきわめて大きいといえる。

図 1.4 に，今日の情報通信技術の基盤となっている学問分野および技術分野を示す。これまでの説明でも明らかになったように，情報は主に電気信号で表現され処理されるので，電磁気学がその基礎になることは容易に理解できるであろう。高度な信号処理は，数学的な基盤があってはじめて可能になったものである。電子工学が重要であることはいうまでもない。半導体デバイスを組み込んだ電子回路は信号の増幅機能や変復調などに必須である。大量の情報を伝えるには光ファイバが適しているため，電気信号を光信号に変換するデバイスや材料技術も重要である。さらに，コンピュータアーキテクチャ／ネットワー

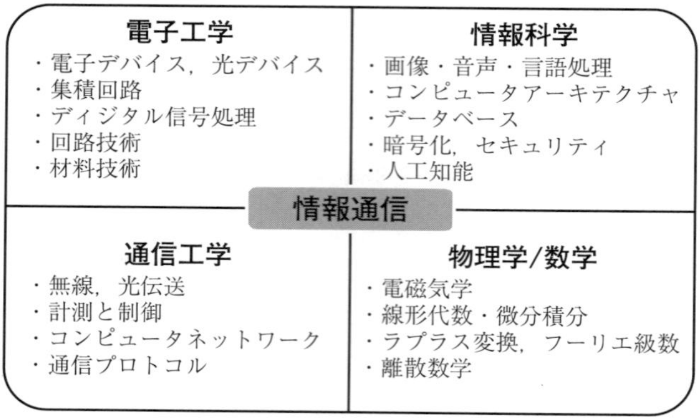

電子工学	情報科学
・電子デバイス，光デバイス ・集積回路 ・ディジタル信号処理 ・回路技術 ・材料技術	・画像・音声・言語処理 ・コンピュータアーキテクチャ ・データベース ・暗号化，セキュリティ ・人工知能
通信工学	物理学/数学
・無線，光伝送 ・計測と制御 ・コンピュータネットワーク ・通信プロトコル	・電磁気学 ・線形代数・微分積分 ・ラプラス変換，フーリエ級数 ・離散数学

中央：情報通信

図 1.4 情報通信技術の基盤となっている学問分野および技術分野

ク，データベース，プログラミング，アルゴリズムとデータ構造，人工知能などの情報科学と密接に関係することも容易に考えられる。情報通信システムは，これらを要素技術として，これらを総合化した壮大な技術体系である。

もちろんこれらをすべて一人でカバーすることはできない。しかし，自分の守備範囲を明確に認識し，それ以外はブラックボックスと割り切り，その境界を他の領域の専門家と共有することが重要である。さらにいえば，異なる専門分野の研究者や技術者と協力しながら研究開発を進めるうえで，互いの専門用語を理解できることは当然であるが，専門用語の背後にある技術体系の広がりまで共有できれば，コミュニケーションの質が高まり，ハイレベルの技術融合への道が開けると期待できる。本書により全体を俯瞰したうえで，自らの専門分野を見極め，それを基軸としてさらに全体を見渡す，という繰返しにより，情報通信の本質に迫っていくことを目標に，学習をスタートしてほしい。

演 習 問 題

1.1 スマートフォンで GPS 機能を使うとき，どこと通信しているのか調べよ。
1.2 自動車の自動運転技術は情報通信と密接に関係している，といわれている。その理由を考えよ。

2

情報通信における信号

　1章で述べたように，情報通信には電波や光の信号が使われる。ユーザが送ろうとする情報は音声やディジタルデータなので，それらを電波や光の信号に変換する必要がある。送りたい情報を通信に適した信号に変えることを変調と呼ぶ。大量の情報を効率よく送るため，これまでに多くの変調方式が提案され，通信の用途や環境に応じて使い分けられてきた。本章では代表的な変調方式を中心に，周波数領域での信号の表示，およびアナログとディジタルの変換も含め，3章以降を理解するうえで必要な基本的考え方について述べる。

2.1　時間領域と周波数領域

　1.1節で学んだように，スマートフォンなどの端末間で情報をやり取りするときに使う電波の周波数はあらかじめ割り当てられており，それ以外の周波数の電波を使うことはできない。この例でもわかるように，周波数の観点から信号を記述することは情報通信を学ぶうえで重要なことである。具体的に，信号を周波数領域で表示する例を図 **2.1** に示す。ここでは，簡単な例として正弦波を時間領域と周波数領域で表示した。（a）では

$$y(t) = \sin 2\pi ft$$

で表される正弦波の時間変化を示している。ここで，f は周波数であり，この例では 5 Hz である。（b）はこの正弦波を周波数領域で表示したもので，横軸が周波数，縦軸がその周波数の正弦波の強度を表している。すなわち，（b）は 5 Hz で振幅 1 の正弦波を表していて，これは（a）で示した正弦波と一致している。

2. 情報通信における信号

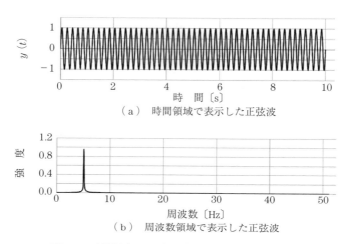

(a) 時間領域で表示した正弦波

(b) 周波数領域で表示した正弦波

図 2.1 時間領域および周波数領域で表示した正弦波

周波数領域で信号を表現することの利点を説明するため，**図 2.2** の例を説明する。(a) は複雑に変化する波形であり，この図から，ひと言でその特徴をいい表すことはできない。(b) は同じ信号を周波数領域で表したものであり，この信号が周波数 41 Hz，47 Hz，111 Hz で，振幅がそれぞれ 1，2，1.5 の正

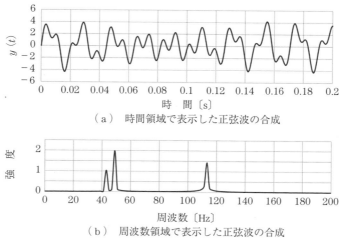

(a) 時間領域で表示した正弦波の合成

(b) 周波数領域で表示した正弦波の合成

図 2.2 時間領域および周波数領域で表示した正弦波の合成

弦波を合成したものであることがわかる．すなわち

$$y(t) = A \sin 2\pi f_1 t + B \sin 2\pi f_2 t + C \sin 2\pi f_3 t \tag{2.1}$$

であり，ここに

$$A = 1, \quad B = 2, \quad C = 1.5$$

および

$$f_1 = 41\,\text{Hz}, \quad f_2 = 47\,\text{Hz}, \quad f_3 = 111\,\text{Hz}$$

である．実際に式 (2.1) を計算すると，(a) と一致することがわかる．このように，周波数領域で信号を表示することは，その信号に含まれている正弦波の振幅と周波数を示すことである．このように周波数領域で信号を表現したものをスペクトルと呼ぶこともあるので覚えておきたい．

信号を正弦波成分に分解して周波数領域で表示する理由はもっとある．ある信号が周期関数だとすると，それが正弦波で合成できること，言い換えれば，フーリエ（Fourier）級数に展開できることが知られている．詳しくは数学の教科書に譲るが，例えば，**図 2.3** に示す正弦波で合成したランプ波の場合には

$$g(t) = \sin t - \frac{1}{2}\sin 2t + \frac{1}{3}\sin 3t - \frac{1}{4}\sin 4t + \cdots$$

$$= \sum_{n=1}^{\infty} \frac{(-1)^{n+1}}{n} \cdot \sin nt \equiv \sum_{n=1}^{\infty} G(n) \sin nt \tag{2.2}$$

と展開できることがわかっている．すなわち，$g(t)$ が周波数 $n/(2\pi)$，振幅 $G(n)$ の正弦波に分解できる．図では 50 個までの正弦波の総和を示したので，やや波打っているが，総和の数をさらに増やすことで (a) の直線で示したランプ波に近づく．

式 (2.2) のように信号を正弦波の足し算で記述できることには，情報通信ネットワークで信号が伝わる様子を考えていくうえで重要な意味がある．実際に信号が伝わるとき，いろいろな要因で信号波形は歪んだり変形したりして，正しく情報が伝わらない可能性がある．使われる可能性があるすべての種類の信号波形について，それがどのように変形されて伝わるのかを調べるのは現実的ではない．しかし，それがさまざまな周波数をもつ正弦波に分解できるのであ

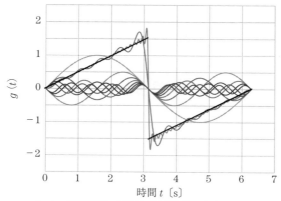

(a) 時間領域で表示した正弦波で合成したランプ波

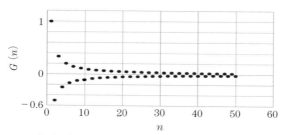

(b) 周波数領域で表示した正弦波で合成したランプ波

図 2.3 正弦波で合成したランプ波

れば，正弦波に対する伝わり方さえあらかじめ知っておけば，多様な信号の伝わり方を予知できることになる[†]。

以上に示したように，信号を周波数領域で表現することは，情報通信を学んでいくうえで非常に重要なことである。以下で取り上げる例を通して，その考え方を十分に理解してほしい。

[†] 厳密にいえば，これは通信経路が線形であること，すなわち，信号 x が伝搬するとき $f(x)$ になったとすると，信号 $ax + by$ が伝搬したときには $f(ax + by) = af(x) + bf(y)$ と書き表すことができると仮定している。ここで，x と y は時間で変化する信号，a と b は一定の係数である。多くの場合，この仮定は妥当なものである。

2.2 アナログとディジタル

2.2.1 アナログ/ディジタル変換

1章でも述べたように，情報通信では，アナログとディジタルの両方で記述される信号を用いる。その例を，図 2.4 に示す無線情報端末のブロック図で示す。アンテナで受信する電波はアナログ信号で，RF 回路の入力となる。RF は radio frequency の略で無線通信に用いる周波数，すなわち，高周波を意味する†。

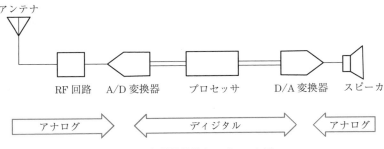

図 2.4　無線情報端末のブロック図

RF 回路でアナログ的に処理された電気信号は，アナログ/ディジタル変換器（A/D 変換器）でディジタル信号に変換される。引き続きディジタル信号処理プロセッサによりさまざまな処理をディジタル領域で行った後に，ディジタル/アナログ変換器（D/A 変換器）で再びアナログ信号に変換され，スピーカで音声が復元される。

入出力がアナログ信号であるのに対して，それをディジタル値に変換して信号処理するのは二度手間のように感じるかもしれない。しかし，シリコン集積回路技術の急速な進展に伴い，膨大な量のトランジスタを用いたディジタル回路設計が可能になった結果，アナログ信号のまま処理するより，ディジタル値

---

† radio はカタカナでラジオだが，日本語のラジオだけでなく，広く無線通信の意味に用いられる。

に変換して処理するほうが高性能で信頼性も高く,しかも,それを低コストで実現できるようになった。また,アナログ回路がそれぞれの信号の周波数や変調方式に合わせて個別に設計しなければならないのに対して,ディジタル回路ではプログラムを書き直すことで,回路を組み直すことなく多様な通信方式に対応できる。そのため,今日の情報端末では,ディジタル処理が難しいRF回路を除く大部分がディジタル化されている。

つぎに情報端末で必要となるアナログ/ディジタル変換(A/D変換)について説明する。**図2.5**は,A/D変換で重要な三つの機能であるサンプリング,量子化,符号化について正弦波入力を例にあげて示す。A/D変換の第1段階は時間領域で離散化することである。これをサンプリングあるいは標本化と呼ぶ。図では,信号波形を代表する点として矢印で示したタイミングで10 msごとに電圧値を読み取ること,つまりサンプリングすることを示している。

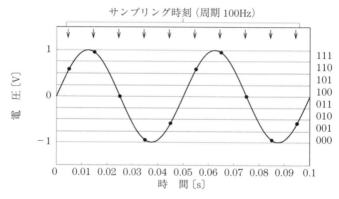

図 2.5 A/D 変換におけるサンプリング,量子化,符号化

つぎに,サンプリングした電圧値が,あらかじめ決めた区間の中のどこに入るか決める。この例では $-1\,\mathrm{V}$ から $+1\,\mathrm{V}$ で変化する信号を,**表2.1**に示すように,0から7までの番号付けをした8区間に分けている。これを量子化と呼ぶ。最後に,それぞれの区間に対して,あらかじめ割り振られたディジタルコードを出力する。これが符号化である。通常は2進コードが用いられ,この例では110,111,011,000,…と順番に,変換されたディジタル値が出力さ

2.2 アナログとディジタル

表 2.1 アナログ入力電圧とディジタル出力

区間番号	アナログ入力電圧〔V〕	ディジタル出力		
		2進コード	符号+絶対値	グレイコード
0	−1.00〜−0.75	000	111	000
1	−0.75〜−0.50	001	110	001
2	−0.50〜−0.25	010	101	011
3	−0.25〜0.00	011	100	010
4	0.00〜0.25	100	000	110
5	0.25〜0.50	101	001	111
6	0.50〜0.75	110	010	101
7	0.75〜1.00	111	011	100

れる。ここでは境界の点は切り下げている。

2.2.2 サンプリング

さて，サンプリングに関連して興味深い問題が起こる。図 2.5 では入力正弦波の周波数が 20 Hz，サンプリング周波数が 100 Hz であった。入力正弦波の振幅は変えずに周波数を 80 Hz にしたときのサンプリング点を，入力周波数が 20 Hz のときと重ねて**図 2.6** に示す。二つの正弦波のサンプリング点は一致し，同じディジタルコードが出力される。これは偶然ではなく，一般に，二つの正弦波の周波数を f_1 と f_2，サンプリング周波数を f_s としたとき，$f_1 + f_2 = f_s$ が成立するときに起こる。このとき，周波数 f_2 の正弦波が f_1 に折り返された，という。これを周波数領域で表現すると**図 2.7** のようになり，$f_s/2$ で

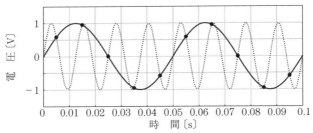

実線が 20 Hz，点線が 80 Hz の正弦波を表す。

図 2.6 同じサンプリング値となる二つの正弦波

16　2. 情報通信における信号

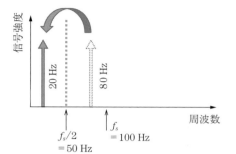

図 2.7　サンプリングによる信号の折り返し

折り返された形になっていることが見て取れる。

　このことは，図 2.4 で示した情報端末でも A/D 変換器で不用意にサンプリングすると，所望の信号に想定外の信号が重なり，正常な受信ができなくなる可能性を示している。その様子を図 2.8（a），（b）に示す。サンプリングにより所望波に妨害波が重なり，波形が変形する。周波数領域での表示が変化することは，時間領域で表示した波形が変化することに対応し[†]，一度こうなると，もとの波形を復元することはできない。これを防ぐためには，A/D 変換器でサンプリングする前に，フィルタを用いて妨害波を除去しておく必要がある。フィルタとは，ある特定の範囲の周波数をもつ正弦波のみ透過させ，それ以外を遮断する特性をもつ回路である。（c）の 1 点鎖線で示すような特性のフィルタを用いて所望波だけを透過させることで，（d）のようにサンプリング後でも妨害波の折り返しを防ぐことができる。

　さて，図 2.3 にも示したが，一般に，信号にはさまざまな周波数成分が含まれることを思い出してほしい。（e）に示すように，所望波に含まれる周波数が広い範囲に分布していて，最も高い周波数 f_{max} がサンプリング周波数 f_s の 1/2 を超えたとする。すると，その超えた分が $f_s/2$ で折り返され，（f）で示すように，自分自身と重なることになる。妨害波が重なったときと同じで，た

---

† 図 2.8（b）で，$f_s/2$ と f_s の間にも $f_s/2$ で折り返された形でピークが現れることに注意する。f_s でサンプリングすると，意味がある周波数領域は 0 から $f_s/2$ までで，それ以上の周波数領域では 0 から $f_s/2$ までのパターンが繰り返される。

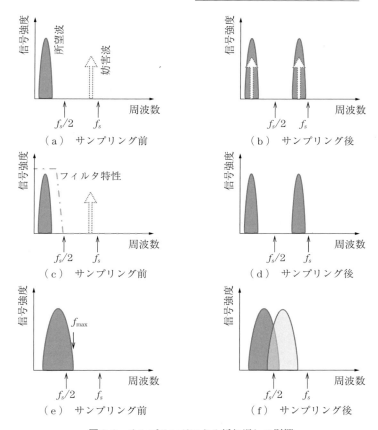

図 2.8 サンプリングによる折り返しの影響

とえ自分自身のものであっても,他の周波数成分が折り返されて重なることは,時間領域で描いた信号が変形することを意味する。信号を正確に伝えるために,これは避けなければならない。この図を見ると,そのためには,$f_{max} < f_s/2$ でなければならないことがわかる。言い換えれば,信号をサンプリングするとき,サンプリング周波数は信号に含まれる最大周波数の 2 倍以上でなければならないことがわかる。これはサンプリング定理と呼ばれる重要な定理である。

2.2.3 ディジタル化のメリット

これまではアナログ信号である音声信号をそのままアナログで送受信することを想定していた。近年の情報通信では，もとの信号がアナログ信号であっても，それをディジタル値に変換した後に電波に乗せて送る場合が多い。その理由の一つは，アナログ信号と比較してディジタル信号が雑音に強いことにある。図2.9（a）に示すように，アナログ信号は波形そのものに意味があるので，アナログ信号に雑音が混入した場合，（b）のように信号を増幅したとき雑音も同時に増幅されるため，雑音の影響を取り除くことができない。これに対して，ディジタル信号の場合は，ある一定の値よりも大きいか，小さいかだけに意味がある。この値を閾値といい，「0」か「1」を決める。したがって，たとえ雑音が混入しても閾値を超えない限り「0」，「1」が変わることはない。（c）のように雑音が入ったとしても，それを受け取る側では（d）のように間違いなく「0」，「1」を判定できる。端末間で情報をやり取りするとき，その通信途中でさまざまな雑音が混入する可能性があり，ディジタル信号に変換する利点は大きいといえる。

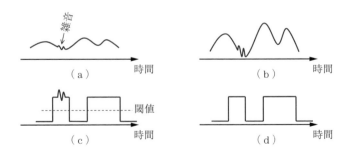

図2.9　アナログ信号とディジタル信号に対する雑音の影響

ディジタルに変換する二つ目の理由は，多重化の容易さにある。多重化とは，一つの信号経路に複数のユーザの信号を詰めて送ることを意味する。図2.10（a），（b）で示す二つのディジタル信号を考える。ディジタル信号はサンプリングされた信号であるため，これを（c）のようにそれぞれ交互に挟み込み，サンプリング周期が1/2の信号として送ることができる。受信タイミン

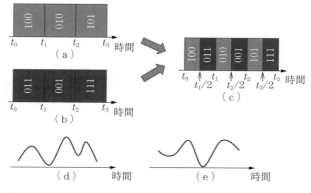

（a），（b）におけるサンプリグ周期は t_1-t_0，（c）では $t_1/2-t_0$ で1/2になっている。

図 2.10 ディジタル信号を用いた多重化

グをそれぞれの信号に合わせてずらすことで，（a）と（b）の信号を区別して受信することができる。これに対して，アナログ信号は時間に対して連続的に変化しているため，例えば（d）の信号を送っている間に（e）の信号を送ろうとすると波が重なり合い，受信するときに分離することができなくなる[†]。

2.3 変　　　調

情報通信ネットワークを行き交う信号は，個々の端末を操作するユーザが使う信号とは異なる。すでに，音声を伝える場合でも，端末から基地局までは，音声信号よりずっと高い周波数をもつ電波が使われることを述べた。信号を電波で送る目的だけでなく，可能な限りネットワークを有効に活用して，多くの情報を短時間で送るためにも，信号にはさまざまな処理が施される。このように，もとの信号を通信に適した信号に変換することを変調と呼ぶ。ここでは，

[†] 3.1節で説明するが，変調技術を使えば（d）と（e）を区別することはできる。しかし，それをディジタル信号に適用すれば，より多くの信号を送ることができる。すなわち，信号経路を有効に利用できることに変わりはない。

代表的な変調方式について説明する。もとの信号がアナログ信号の場合をアナログ変調，ディジタル信号の場合をディジタル変調と呼ぶ。

2.3.1 アナログ変調

情報を送るために使う電波が，振幅 A_c，角周波数 ω，初期位相 ϕ の正弦波であると考えて

$$v_c(t) = A_c \cos(\omega t + \phi)$$

で表す。情報を乗せて遠方へ運ぶ，という意味で搬送波，あるいは，キャリア (carrier) 波と呼ばれる。今，送りたい信号が次式のような振幅 A_m，角周波数 p の正弦波である場合を考える。

$$v_m(t) = A_m \cos pt$$

ここで，p は搬送波の角周波数 ω より十分に小さいことを仮定している。例えば音声信号を電波で送る場合には，前者が高々 20 kHz，後者が 1 GHz 程度であるので，この条件は十分満足されている。まず考えられる変調方法は，搬送波の振幅を送りたい信号に合わせて変化させることである。式で表すと

$$v_{\mathrm{AM}}(t) = (A + A_m \cos pt)\cos(\omega t + \phi_0)$$

と書ける。この方法は搬送波の振幅を変化させるので振幅変調（amplitude modulation：AM）と呼ばれる。**図 2.11** にアナログ変調の波形を示す。送りたいもとの信号（正弦波），搬送波，振幅変調波をそれぞれ A，B，C として示す。AM ラジオ放送と呼ばれている中波放送 (500〜1600 kHz)，航空無線，アマチュア無線などにはこの変調方式が利用されている。受信機を比較的簡単につくることができるが，雑音に弱い欠点がある。これは，雑音の影響は図 2.9 に示したように，一般に振幅変化として現れるためである。

搬送波に送りたい情報を乗せる方法には，振幅変調のほかに，周波数変調 (frequency modulation：FM) および位相変調 (phase modulation：PM) という方式が知られている。これらを式で表すと

$$v_{\mathrm{FM}}(t) = A \cos\left(\omega t + \int_{-\infty}^{t} A_m \cos pt\, dt\right) \tag{2.3}$$

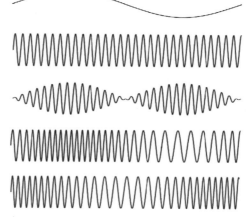

図 2.11　アナログ変調の波形

および
$$v_{\mathrm{PM}}(t) = A\cos(\omega t + A_m \cos pt) \tag{2.4}$$
となる。式 (2.3) で周波数が変調されていることは，式 (2.5) のように瞬時周波数 $d\angle v_{\mathrm{FM}}/dt$ を求めることで理解できる。
$$\frac{d}{dt}\angle v_{\mathrm{FM}}(t) = \omega + A_m \cos pt \tag{2.5}$$
ここで，$\angle v_{\mathrm{FM}}$ は式 (2.3) の位相，すなわち $\omega t + \int_{-\infty}^{t} A_m \cos pt\, dt$ を表す。

図 2.11 の D および E には周波数変調波および位相変調波を示した。FM 放送と呼ばれている超短波放送（76～90 MHz）や VHF 帯の業務無線（警察無線や消防無線など）では FM 変調方式が利用されている。振幅の変化には影響されないので雑音に強い利点がある。FM 放送が高音質なのはそのためである。式 (2.3) と式 (2.4) を比べるとわかるように，周波数変調は，もとの信号を積分して位相変調したものと等価である。このため両者に本質的な違いはなく，区別しないで呼ばれる場合もある。

2.3.2 ディジタル変調

図 2.12 の A に示すように,0 と 1 のディジタル値を送るときに用いる変調をディジタル変調と呼ぶ。アナログ変調のときの AM,FM,PM に相当する変調方式があり,振幅偏移変調〔振幅シフトキーイング（amplitude shift keying:ASK)〕,周波数偏移変調〔周波数シフトキーイング（frequency shift keying:FSK)〕,位相偏移変調〔位相シフトキーイング（phase shift keying:PSK)〕と呼ぶ。それぞれの変調波形を B,C,D に示す。

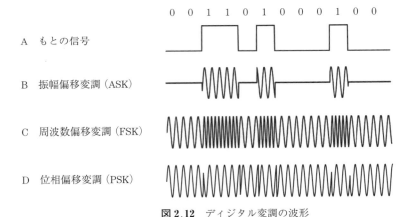

図 2.12 ディジタル変調の波形

アナログ変調と同様に,もとのディジタル信号を

$$v_m(t) = v_m(n) = \begin{cases} 0 \\ 1 \end{cases}$$

とすると,ASK,FSK,PSK を用いた変調波は,それぞれ

$$v_{\mathrm{ASK}}(t) = v_m(t) \cos \omega t$$

$$v_{\mathrm{FSK}}(t) = A \cos \left[\omega t + k \int_{-\infty}^{t} v_m(t)\, dt \right]$$

$$v_{\mathrm{PSK}}(t) = A \cos \left[\omega t + q v_m(t) \right]$$

と表すことができる。D では位相シフト量 q を π としている。

振幅偏移変調（ASK）は AM と同様に雑音に弱く無線通信では使われない。しかし,周囲から混入する雑音が小さい光ファイバ通信では広く利用されてい

2.3 変調

る。周波数偏移変調（FSK）は送受信機が低コストで製造できるのが特徴で，第2世代の携帯電話やBluetoothで使用されている。位相偏移変調（PSK）は送受信機の回路が複雑になるが高品質の通信が可能である。また，以下に説明するように多値化が容易で，大量の情報通信に適した方式である。実際，携帯電話，ディジタルテレビ，光通信など最新の放送や通信で使用されている。

これまでは1ビット信号を送ることを考えていたが，**図2.13**に示すように，位相シフト量を$\pi/2, \pi, 3\pi/2$とすることで2ビット信号を一度に送ることが可能である。式で書くと，入力信号の上位ビットと下位ビットをそれぞれ

$$v_{\text{MSB}}(t) = v_{\text{MSB}}(n) = \begin{cases} 0 \\ 1 \end{cases}$$

$$v_{\text{LSB}}(t) = v_{\text{LSB}}(n) = \begin{cases} 0 \\ 1 \end{cases}$$

とするとき，位相シフトキーイングの変調波は

$$v_{\text{QPSK}}(t) = A \cos\left\{\omega t + \frac{\pi}{2}[2\, v_{\text{MSB}}(t) + v_{\text{LSB}}(t)]\right\}$$

と書ける。ここで

$$v_c(t) = A \cos \omega t$$

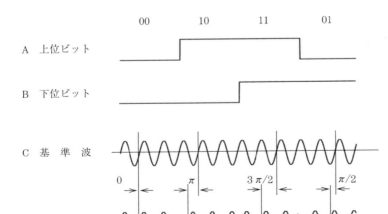

図 2.13 4値位相偏移変調（QPSK）の波形

を基準波としている。2ビットは00，01，10，11の四つの値なので，4値位相偏移変調（quaternary phase shift keying：QPSK）と呼ぶ。これに対して図2.12のDに示した変調では一度に2値を送るので2値位相偏移変調（binary phase shift keying：BPSK）と呼ぶ。1秒間に何回信号を送るかをシンボルレート，1秒間に何ビットを送るかをビットレートと呼ぶ。BPSKでは両者が等しいが，QPSKでは1回に送る信号が2ビットなので，シンボルレートの2倍がビットレートになる。

2.3.3 コンスタレーション

これまで，変調波の時間変化の波形を示してきたが，コンスタレーション（constellation）と呼ばれる方法で変調波を記述すると，波形をその都度描く必要がなく，変調の様子を簡潔に表現できる。コンスタレーションとは星座のことで，変調波が複数の点で表され，それが星のようにちりばめられた様子から名付けられたものである。図2.14に示すように，基準信号Aに対して変調信号Bの絶対値rと位相θを求め，Cのように極座標で表示する。したがって

$$re^{i\theta} = r\cos\theta + ir\sin\theta$$

と考えれば，これは複素平面上で変調波をプロットすることに相当する。

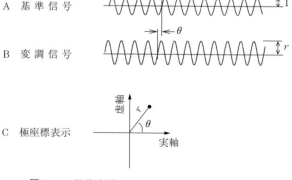

図 2.14 信号波形のコンスタレーション（複素表示）

図2.15にASK, BPSK, QPSKの波形とコンスタレーションを, さらに, 図2.16には8値PSKおよび16値PSKのコンスタレーションを示す。コンスタレーション上の点の数が増えるほど, 1シンボル当りの情報量が増えることになり, 大量の情報を送るのに適している。しかし, 何らかの原因で位相シフト量や振幅が揺らぐと, それに伴って, 図2.16に示すように, コンスタレーション上の点が矢印のように移動する。移動量が大きく, 識別判定線を越える

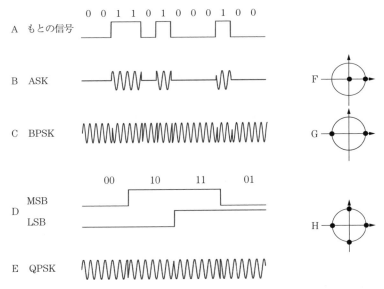

図2.15 ASK, BPSK, QPSKの波形とコンスタレーション

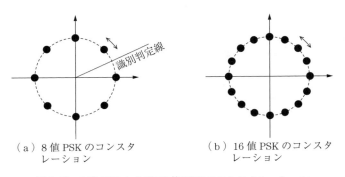

（a）8値PSKのコンスタレーション　　（b）16値PSKのコンスタレーション

図2.16 8値PSKおよび16値PSKのコンスタレーション

と受信側では誤って判定されてしまうことになる。したがって，送ることができる情報量の観点からは点の数が増えることは望ましいが，雑音耐性の観点からは，互いに近づきすぎるのは避けるほうがよい。このように考えると，PSKで点数を増やし多値化を進めるには限界があるといえる。

2.3.4 直 交 変 調

情報量増加と雑音耐性向上を両立するために考案された方法の一つが，直交変調と呼ばれる方式である。16値直交振幅変調（16QAM）の例を**図 2.17**に示す。図 2.16（b）と同じ点数であるが，点の間隔が広く，雑音の影響を受けにくいことが特徴である[†]。図 2.14 と見比べると，これは r と θ の両方が変化していて，3値の ASK と 12値の PSK を組み合わせた形になっている。実際には，図 2.14 のような極表示を図 2.17 のような直交座標表示（I, Q）に読み替えて，変調波を

$$I \cos \omega t - Q \sin \omega t \tag{2.6}$$

で表す。

$$I = r \cos \theta, \quad Q = r \sin \theta$$

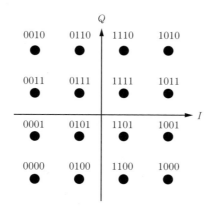

図 2.17 16値直交振幅変調（16QAM）

[†] 図 2.16（b）でも半径を大きくすれば点の間隔が拡がるが，半径を大きくすることは信号の振幅を大きくすることで，消費電力の増加を意味する。このため，厳密にいえば，原点からの平均距離を同じにしたときの間隔を比較する必要がある。

として式 (2.6) に代入すれば

$$r\cos\theta\cos\omega t - r\sin\theta\sin\omega t = r\cos(\omega t + \theta)$$

となり，I, Q を変化させることは r と θ を変換させることと等価なことがわかる．図 2.17 では，I, $Q = \pm 1$, ± 3 とし，-3, -1, 1, 3 を 2 ビットの 00，01，11，10 に対応させ，上位 2 ビットを I, 下位ビットを Q として表示した．11 と 10 の順序を変えているのは，このように符号化することで，ビットの変化を点間の距離に対応させたためである．例えば，縦横の隣り合う点では一つの桁のみ「0」，「1」が変わるようになっていることに注意する．このような変調方式のことを直交振幅変調〔quadrature amplitude modulation：QAM（カムと呼ぶ）〕といい，図 2.17 のように 16 値を表現したものを 16QAM と呼ぶ．これを拡張したものに 64QAM，128QAM などがあり，携帯電話，マイクロ波（地上，衛星）通信，地上ディジタルテレビなどに実際に用いられている．

正弦関数と余弦関数には，互いに掛けて 1 周期で時間積分すると 0 になるという直交関係があるので，式 (2.6) を受信したときにはそれに余弦波を掛けて時間平均すれば，つまり 1 周期以上で時間積分すれば I を取り出すことができ，正弦波を掛けて平均すれば Q を取り出すことができる．

2.4　CDMA

これまではアナログ信号やディジタル信号を電波で送信することを想定し，高周波正弦波を搬送波として用いる変調について説明した．ここではディジタル信号を別のディジタル信号に変換し，多重化する符号分割多元接続（code division multiple access：CDMA）と呼ばれる手法を説明する．多元接続とは，複数のユーザの信号を一つにまとめ，ユーザ間をつなぐ技術である．以下に示すように，各ユーザは異なる符号（コード）を用いてディジタル信号を変換し送信する．受信側でも同じ符号を使うことで，所望の信号のみを抽出できる．

図 **2.18** に CDMA 信号の生成方法を示す．送ろうとするもとのディジタル信号が A で，信号生成に用いる符号が B である．A の時間変化，すなわち送信

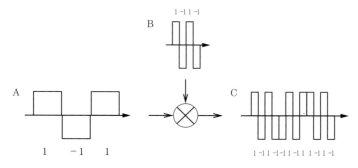

図 2.18 CDMA 信号の生成方法

ビットレートと比較してBの時間変化が十分に大きいことを想定している。後者をチップレートと呼び，チップレートを送信ビットレートで割ったものを拡散率と呼ぶ。説明を簡単化するため，この例では拡散率を4としているが，通常は数十以上にしている。ディジタル値として，通常用いる「0」，「1」のかわりに「−1」，「1」を用いていることに注意する。図に示したように，AとBの論理積をとることで，送信信号Cを生成する。Aに対してCは高周波成分を多く含んでいて，周波数領域で見たときには信号のスペクトルが拡がる。このため「拡散」，あるいは「スペクトル拡散」という言葉が使われている。例えば図2.18では，符号Bを使って信号Aを拡散した，あるいは，Cは拡散した信号である，などという。

図 2.19 には異なるユーザの信号を多重化する例を示した。それぞれが信号AとDを，符号BとEを用いて送ることを想定した。ここで，BとEは以下の式のように各桁で積和をとると，0になるように選ばれる。

$$1 \cdot 1 + (-1) \cdot (-1) + 1 \cdot (-1) + (-1) \cdot 1 = 0$$

これを符号BとEが直交しているという。図2.18と同様にしてそれぞれの送信信号を生成した後に，それらの算術和をとることで，Gで示す多重化信号を生成する。

図2.19で生成した多重信号Gを受信したとき，もとの信号を復元する様子を**図 2.20** に示す。拡散のときに用いた符号BおよびEを用いて，受信信号と

2.4 CDMA   29

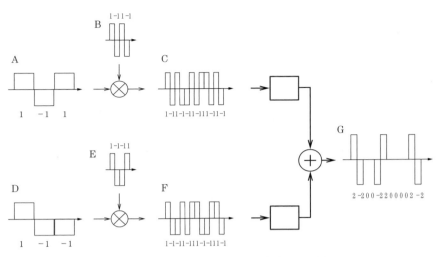

図 2.19 異なるユーザの信号を多重化する例

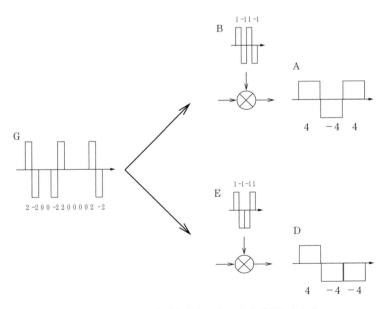

図 2.20 図 2.19 で生成した多重信号 B を受信したとき，もとの信号を復元する様子

の積をとることでもとの信号AとDを復元できる。もとの信号に復元することを「逆拡散」ということもある。送信側で拡散に用いた符号を受信側が知っている場合に限って，正しく復元できることに注意する。このため，CDMAは一種の暗号信号としても使うことができる。さらに，CDMAは多くのユーザの信号を多重化できるため，携帯電話通信に広く利用されている。その場合には，図2.19に示したC，F，Gなどのディジタル信号に，さらに搬送波を用いて変調してから，電波で送信することになる。

演 習 問 題

2.1 矩形波のフーリエ級数を調べ，その級数の和が矩形波になることを実際に計算して確かめてみよ。

2.2 音声信号をディジタル値に変換するとき，サンプリング周波数（標本化周波数）はどのように選んだらよいか。

2.3 図2.6のようにサンプリングすると同じ値が得られる例を考えて，表計算ソフトなどを利用して確かめてみよ。

2.4 64QAM，128QAMのコンスタレーションを調べてみよ。

2.5 図2.20で実際にAとDが選択的に受信できているかどうか確かめてみよ。

3 送受信機

本章では，2章で学んだ周波数領域での信号表示や変復調に関する知識に基づき，スマートフォンや携帯電話のような無線情報端末の構成と機能について説明する．まず，アナログ振幅変調（AM）を利用した送受信機において，信号が変換される過程を時間領域と周波数領域で説明する．つぎに，実際の無線通信環境の中で，さまざまな雑音に埋もれた微弱な信号をどのように拾い出すのか説明する．送受信機で利用される巧妙な仕掛けを理解してほしい．

3.1 振幅変調を用いた送受信

スマートフォンや携帯電話などの情報端末で相手と通話することを考える．われわれが聞くことができる音の周波数は，可聴周波数帯域と呼ばれる 20 Hz から 20 kHz の範囲で，マイクロフォンでその周波数の電気信号に変換する．一方，通信に使う電波の周波数は 1 GHz 程度である．そのため，可聴周波数帯域の電気信号を，それよりはるかに高い電波の周波数に変換し，送信する必要がある．その逆に，受信する端末ではアンテナで受けた電波を音声信号に直し，スピーカで音を再生する必要がある．本節では，2.3 節で説明したアナログ振幅変調（AM）を用い，実際に信号がどのように伝わるか説明する．以下の説明では，信号を発信する情報端末を送信機，受信する端末を受信機，これらを合わせて送受信機と呼ぶ．

3.1.1 時 間 領 域

図 3.1 に音声信号の振幅変調を示す。図（a）は送信機のブロック図である。マイクロフォンでとらえた音声信号 A を変調器で振幅変調し，増幅器を通してアンテナから電波として送信する。変調器には搬送波（キャリア波）B を発生させる高周波発振器が接続されている。簡単のために音声信号が図 3.2 の A に示すランプ波であると仮定する。また，搬送波として用いる高周波信

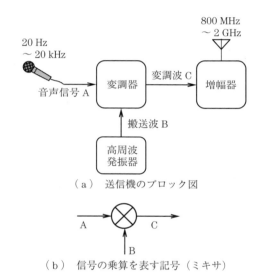

（a） 送信機のブロック図

（b） 信号の乗算を表す記号（ミキサ）

図 3.1　音声信号の振幅変調

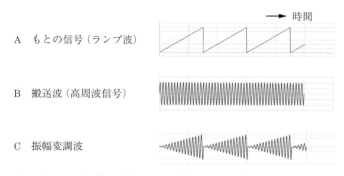

図 3.2　もとの信号（ランプ波），搬送波（高周波信号），および振幅変調波の波形

号をBに示す。このとき，AとBの掛け算を行うことで振幅変調波Cが得られる。このような信号処理を行うことを図3.1(b)のような記号で表す。×を○で囲んだ部分をミキサと呼ぶこともある。

今，他の人が同時に別の波形を送信することを考える。ここでは，**図3.3**のDで示す正弦波であると仮定する。AとCは図3.2のA，Cと同じである。搬送波Eを用いて搬送波を掛け合わせ振幅変調を行うと，Fで示す信号が得られる。ここで，それぞれの互いに異なる周波数の搬送波を用いる，という点が重要である。CはFと重なり合って，Gに示すような波形で空中を電波として伝搬する。

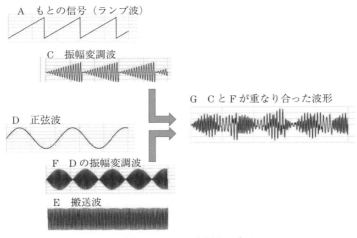

A，Cは図3.2のA，Cと同じである。

図3.3 三角波と正弦波が重なって空中を伝搬するときの波形

さて，このような電波を受信することを考える。もし，ほかに電波がなければ，アンテナで受信する信号の波形は空中を伝わってきた信号Gと同じである[†]。受信機の簡単なブロック図を**図3.4**(a)に示す。アンテナで受信した電波を増幅器で増幅し，復調器を通して音声信号を復元し，スピーカで音を再生

---

† ほかに電波がある場合については3.2節で述べる。

34   3. 送　受　信　機

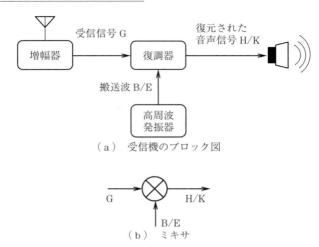

図 3.4　電波の受信と音声信号の復調

する。復調器には搬送波と同じ周波数の高周波を発生する発振器が接続されている。もしAのランプ波を復元したいときには，ランプ波の変調で使った搬送波の周波数と同じ正弦波BとGを掛け合わせる。すると，復調された波形は**図 3.5**のHの破線で示すように多くのピークを伴った複雑な形になる。その信号には低周波から高周波までのいくつかの波が含まれているが，低周波成分だけを取り出すことで，Hの実線で示すようなランプ波を再現できる。これは，例えば，ある時間間隔で信号の平均をつぎつぎに取っていけばよい。一方，Dの正弦波の変調に使った搬送波と同じ周波数の正弦波EをGに掛けて，

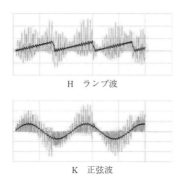

図 3.5　復調された波形

その低周波成分を取り出すことで，K で示すような正弦波を再現できる。

このように，振幅変調した波を復調する場合には，変調に用いた搬送波と同じ周波数の正弦波を掛けることが必要であることがわかるであろう。これを実現するためには，受信機では，送信機と同じ周波数の正弦波をつくることができる高周波発振器が必要になる。また，高周波正弦波と音声信号や受信信号を掛け合わせるためには，乗算器（ミキサ）が必要である。さらに，受信機には低周波成分だけを取り出すための回路が必要で，この回路はフィルタと呼ばれている。

3.1.2 周波数領域

3.1.1 項で説明した送受信の話を周波数領域で考える。2.1 節で説明したように，周波数領域で表された波形は，それぞれの周波数をもつ正弦波がどれくらいの割合で含まれているかを表す。搬送波は一つの周波数の正弦波であるから，それを周波数領域で表すと，**図 3.6** の P のように，その周波数だけで 0 でない値をもち，その他の周波数では 0 となる。ランプ波の周波数領域表示は図 2.3 でも示したが，それを Q で示す。図 2.3 と異なり，ここでは簡単化のため絶対値で表示した。ランプ波は複数の周波数をもつ正弦波を合成したものなので，Q で示したようにピークが拡がるのが特徴である。

信号波 A と搬送波 B を掛け合わせた振幅変調波 C を周波数領域で表示すると R のようになる。二つの関数 $f(t)$ と $g(t)$ の掛け算 $f(t)g(t)$ を周波数領域で表すと，それぞれの周波数領域表示，すなわちフーリエ級数展開の係数 $F(n)$ と $G(n)$ の「畳み込み（コンボリューション）」で表されることが知られている。詳細は他書に譲るが，式では以下のように書ける。

$$(F * G)(m) = \sum_n F(n)G(m-n)$$

R は P に似ているが，違うのは P と比較して，ピークの周りに裾野がやや拡がっている点である。Q の拡がりが反映されたものである。R のピーク位置が P と一致しているのは，図 3.2 の C の変調波の中に図 3.2 の B の搬送波と同

36   3. 送 受 信 機

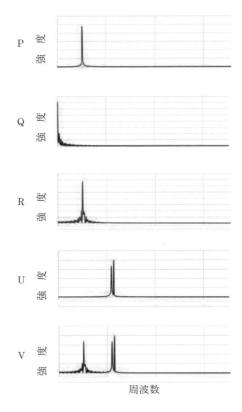

図 3.6 周波数領域で表現した振幅変調

じ周波数の正弦波が含まれるためである。P を $F(n)$, Q を $G(n)$ とすると，$G(n)$ は図 2.3 のそれと等しく，$F(n)$ は

$$F(n) = \begin{cases} 1 & (n = k \text{のとき}) \\ 0 & (n \neq k \text{のとき}) \end{cases}$$

で書き表せるので

$$(F * G)(m) = \sum_n F(n) G(m-n) = G(m-k)$$

となり，変調波を周波数表示した R は $G(n)$ を周波数軸の正方向に k だけ平行移動したものとなる。ここで，k は P のピーク周波数，すなわち搬送波の周波数，を表す。一般に，変調波を周波数領域で表示したとき，ピーク位置は搬送波のそれと一致し，変調前の信号に相当するピークの拡がりをもつことが重要

3.1 振幅変調を用いた送受信

な点である。

図 3.3 の D で示した正弦波を振幅変調した場合を考える．搬送波と同様に，もとの信号も正弦波であるため，その周波数領域での表示は単一ピークであり，アンテナから飛ばされた電波信号の周波数領域表示では U に示すように，二つのピークが現れることである．これは，三角関数の積を和に書き直す以下の公式を思い出せば理解できる．

$$\cos \omega_1 t \cos \omega_2 t = \frac{1}{2}[\cos (\omega_1 + \omega_2)t + \cos (\omega_1 - \omega_2)t] \tag{3.1}$$

すなわち，もとの二つの周波数の和と差に等しい周波数の二つの波で書き表せることから，これが U における二つのピークに対応していることがわかる．図 3.2 の B と E で示したように，搬送波 E のほうが搬送波 B より周波数が高いため，R と比較して U では高周波側にピークが現れる．

ランプ波と正弦波の振幅変調波が電波となって空中を飛ぶとき，それらが重なり合って，時間領域では図 3.3 の G のような複雑な波形になることはすでに述べた．これを周波数領域で表示すると，U で示すように，それぞれのスペクトルを重ねたものとなる．時間領域で表示した G では波形の特徴を明確に示すことが難しいが，V のように周波数領域で表現すると，それぞれの信号成分が重なり合っていることが明確に理解できる．これが周波数成分で信号を表現する利点の一つである．

つぎに，受信した電波から，もとの送信信号を再現すること，すなわち復調を周波数領域で考える．すでに説明したように，復調には送信者が使用したものと同じ周波数の正弦波を掛けて，その低周波数成分を取り出すことが必要であった．受信信号 G にランプ波で使用した搬送波 B の周波数と同じ正弦波を掛ける操作を行った図 3.5 の信号 H を周波数領域で書くと W のようになる．もう一度，式 (3.1) を見てみると，掛け算により，V の各ピークの周波数と搬送波 B の周波数の和と差の周波数成分が現れることがわかる．このうち，R はもともとランプ波 A と搬送波 B の周波数の和と差であったから，R の中の和の周波数から B の周波数を引き算すると A の周波数が再現される．それが

図 3.7 の W の a である。図には，このほかに R と B の周波数の和である b，U と B の周波数の差である c と，和である d が現れる。そこで W の信号を，f_1 のような特性をもつフィルタに通すことで，a のみを取り出すこと，すなわち復調することが可能となる。このようなフィルは低周波のみを透過させるので，ローパスフィルタ（low pass filter：LPF）と呼ばれる。図 3.5 の H は図 3.7 の W で表示した信号を時間領域で表現したもので，実線で書いたランプ波が図 3.5 の W の a に相当し，速く振動していて雑音のように見える部分が b，c，d に対応した信号成分であることに注意する。

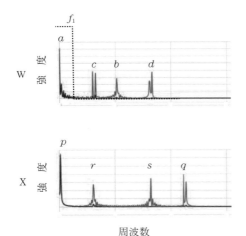

図 3.7　周波数領域で表現した振幅変調の復調

同様に図の 3.3 の D の正弦波を復調するには，その変調に用いた正弦波 E と等しい周波数の正弦波を掛ければよい。図 3.7 の X はそのようにして得られた波形を周波数領域で表したものである。p と q が周波数の差と和に相当する成分であり，r と s はランプ波信号から発生する差と和の信号成分である。W で示したのと同じ特性をもつローパスフィルタにより p だけを取り出すことができ，正弦波信号を再現することができる。

　以上のように，周波数領域で信号を考えると，時間領域では考えにくかった変調，復調の様子を明確に理解できる。

3.2 送受信機の構成と機能

3.1節では振幅変調した電波の送受信について基本的な説明をした。実際には空中にさまざまな電波が行き交っていて，受信機のアンテナにそれらが混入してくることを考慮して送受信機を構成する必要がある。さらに，受信したい所望波は遠方のアンテナから放射されるため微弱な電波である。これに対して，妨害波はすぐ隣の情報端末から放射されることもあり，その場合にはかなり強い電波になる。そのような最悪の場合も想定して，強い妨害波の中から，微弱な所望波を選択的に復調する必要がある。また，送信機から発する電波が他の通信に悪影響を与えないことも必要である。これらの条件を考慮して実際の送受信機は構成されている。以下では，このような送受信機の構成と機能について説明する。

3.2.1　構　　成

送受信機の構成を図3.8に示す。左端のアンテナは電波の受信と送信の両方に使用する。近年の情報通信端末では，外側からアンテナが見えないが，必ず

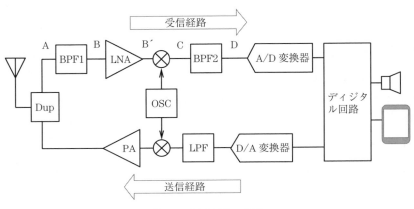

図3.8　送受信機の構成

アンテナが内蔵されている。一般に携帯用情報通信端末で基地局と通信するには，図 1.2 でも示したように，およそ 1 GHz 前後の周波数をもつ電波が用いられる。例えば，全世界で普及し，現在でも使用されている GSM（global system for mobile communications）と呼ばれる第 2 世代の通信方式では，図 3.9 に示す例のように，935〜960 MHz が基地局からの電波を受信するための周波数帯域として使われる。このように特定の通信方式で使われる周波数帯域をバンド（帯）と呼ぶ。また GSM では，バンドを 200 kHz 間隔で分け，両端を除く 124 の周波数をユーザに割り当てている。これらをチャネルと呼ぶ。

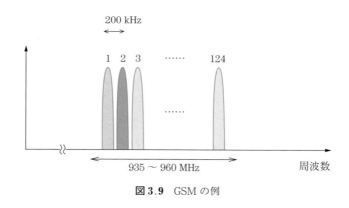

図 3.9　GSM の例

3.1 節で述べたように，変調信号は搬送波周波数を中心にスペクトルが拡がるが，200 kHz 間隔で隣り合った信号とは互いに重ならないように変調方式が決められている。送受信機では，これらのチャネルの内の任意の一つを受信できるように，回路を設計する必要がある。また，この無線方式が使われている地域では，他の通信システムや放送局がこの範囲の周波数の電波を発することは禁じられている。情報端末から基地局への通信も同様に 890〜915 MHz を 124 個に分けたチャネルを独占的に使用する。送受信で異なる周波数を用いるのは，相互の干渉を防ぐためである。このような通信方式を周波数分割複信または周波数分割デュプレックス（FDD）と呼ぶ。詳細は 4.2 節で説明する。

図 3.8 でアンテナに接続されたブロック Dup はデュプレクサである。日本

語ではアンテナ共用器または分波器と呼ばれる。送受信機にはこの図の上の部分の受信経路と下の部分の送信経路がある。デュプレクサは，アンテナで受信された電波を受信経路へ，送信経路で処理した電気信号を電波として発信するためにアンテナへ，と高周波信号を切り替える役割をもっている。受信経路は微弱な信号に対して高い感度で受信できるように設計されている。一方，送信経路からアンテナへは高電力の信号が流れる。したがって，送信側から受信側にわずかでも信号が漏れると，受信信号の処理に大きな影響を及ぼす可能性がある。そのため，デュプレクサをはじめ情報端末内部では送受信信号を注意深く分離する必要がある。

3.2.2 受 信 経 路

図3.8に示した受信経路について，周波数領域での信号処理の流れをアンテナ側から順に説明する。アンテナでは所望の電波以外にも，周囲に飛び交っている多くの電波を受信する。ここでは，**図3.10**で示すように，バンド内の2番目のチャネルが割り当てられたとして説明を続ける。これを所望波と呼び，それ以外の電波を妨害波と呼ぶ。同じ通信方式を利用している近くのユーザの端末が電波を発信していると，同じバンド内の強い信号がアンテナから入ってくることになる。これも妨害波である。

受信機の重要な役割は，多くの妨害波の中から微弱な所望波だけを選んで，

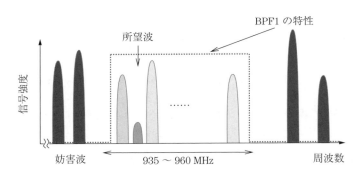

図 3.10 アンテナで受信した信号〔図3.8のA〕

十分な精度でディジタル信号に変換できるように増幅すること，さらにその信号をディジタル処理して必要な情報を再現することである。そのためにまずアンテナで受信した信号の中から，通信で使っているバンド内の信号だけを通過させることができるフィルタを用いて，それ以外の妨害波を通過させないことが必要である。そのために必要なフィルタの特性を BPF1 の特性としてこの図に描いた。このように，ある特定の周波数領域だけを透過させる特性をもつフィルタをバンドパスフィルタ（band-pass filter：BPF）と呼ぶ。BPF の名称で使われている「バンド」は一般的な周波数帯域のことで，図 3.9 で示したような，通信方式で決められた特定のバンドとは区別して使うことに注意する。

図 3.8 で BFF1 を通過した信号 B のスペクトルを**図 3.11** に示す。この信号は図 3.8 の低雑音増幅器（low-noise amplifier：LNA）で増幅される。一般に，増幅された信号には，増幅器を構成するトランジスタや抵抗が発する雑音が加わる。そのような雑音の発生は避けられないが，所望波は微弱なため，回路構成をくふうすることで，所望波が雑音に埋もれないように低雑音化する必要がある。そのように設計された増幅器が LNA である。

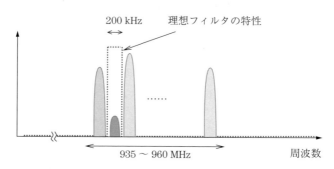

図 3.11 図 3.8 で BPF1 を通過した信号のスペクトル〔図 3.8 の B〕

つぎに必要な操作は，バンドの中から所望波のみを選択すること，すなわちチャネル選択である。もし，図 3.11 で「理想フィルタの特性」として描いた特性をもつバンドパスフィルタを使って所望波だけを通過させ，妨害波をシャッタアウトできればよい。しかし，およそ 1 GHz の周波数をもつ複数の信号

の中から，200 kHz という狭い帯域の信号だけを通過させるフィルタをつくることは容易でない．たとえ設計できたとしても，情報端末の価格に見合うコストで実現するのは難しい．問題は 1 GHz（= 10^9 Hz）と 200 kHz（2×10^5 Hz）の間の 5000 倍という大きな差にある．この差を小さくすればチャネル選択が容易になる．そのためには LNA を通過した信号周波数を低くすればよい．およそ 1 GHz のという周波数は搬送波の周波数であって，情報を担っている信号帯域は 200 kHz と考えられるため，このような操作を行っても情報が失われることはない．

　三角関数の公式 (3.1) を利用することで周波数を下げることが可能である．その式をつぎに再度示す．

$$\cos \omega_1 t \cos \omega_2 t = \frac{1}{2}[\cos(\omega_1 + \omega_2)t + \cos(\omega_1 - \omega_2)t] \qquad (3.1)'$$

ここで，ω_1 を搬送波の周波数，ω_2 を情報端末内部に用意した発振器（図 3.8 の OSC）の周波数とすると，例えば ω_1 を 1 GHz とすると，ω_2 を 950 MHz にすることで，式 (3.1) の第 2 項により 50 MHz の余弦波が取り出せることになる．言い換えれば，バンド全体を ω_2 だけ低周波側に移動できる．図 3.8 では LNA の出力波と発振器（OSC）からの正弦波を掛け算すること，すなわちミキシングすることを示している．**図 3.12** はそのようにして低周波領域に移された信号 C のスペクトルを示す．このようにミキサを用いて周波数を低周波

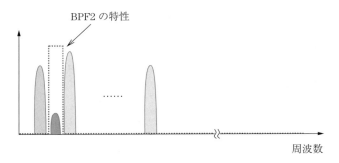

図 3.12 ミキサ通過後の信号〔図 3.8 の C〕

側に移すことをダウンコンバージョンと呼ぶ。それにより，所望波のみを選択的に通過させるバンドパスフィルタの設計が容易になる。図3.8ではBPF2で表し，その特性を図3.12に示した。BPF2通過後の信号Dのスペクトルは**図3.13**に示すように得られ，結果として所望波のみが選択できたことがわかる。

図3.13 チャネル選択後の信号〔図3.8のD〕

3.2.3 回路の非線形性

図3.8に示した送受信機のアナログ部分，すなわちアンテナからディジタル回路の間に含まれる回路ブロックでは，その線形性が重要になる。特に，送受信機を構成するうえで必須の増幅器の非線形性は端末全体の性能に大きく影響する。ここでは図3.8の受信経路で用いられるLNAをあげて説明する。**図3.14**にLNAの入出力特性を示す。LNAの出力は入力を増幅するが，増幅する割合，すなわち入力と出力の比はつねに一定であることが理想的である。こ

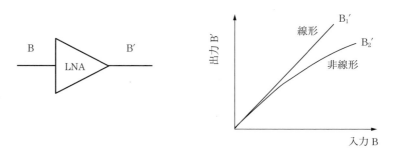

図3.14 LNAの入出力特性

3.2 送受信機の構成と機能

れを増幅器の特性が線形であると呼ぶ．しかし実際には，入力信号が大きくなるに従い，図で示すように出力が増加する度合いが鈍る．このことを非線形な特性と呼ぶ．

入力を $f(t)$，出力を $g(t)$ とすると，特性が線形であれば A を定数として

$$g(t) = Af(t)$$

と書けるが，非線形では

$$g(t) = Af(t) + B\left[f(t)\right]^2 + C\left[f(t)\right]^3 + \cdots \tag{3.2}$$

のように高次の項が現れる．ところで，図 3.11 に示したように，複数のチャネルに相当する波が LNA の入力となる．今，簡単のため，**図 3.15**（a）に示す二つの隣接したチャネルの周波数を ω_1，ω_2 として

$$f(t) = \cos(\omega_1 t) + \cos(\omega_2 t)$$

が非線形な LNA に入力することを考える．これを式 (3.2) に代入して整理すると，3 次の項は

$$[\cos(\omega_1 t) + \cos(\omega_2 t)]^3 = \cdots + 3\cos^2(\omega_1 t)\cos(\omega_2 t) + \cdots$$

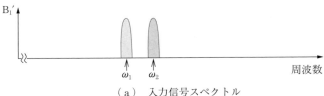

（a）入力信号スペクトル

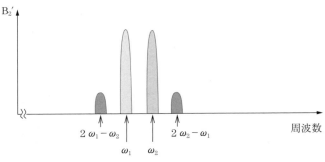

（b）出力信号スペクトル

図 3.15 非線形性に起因する相互変調歪

46 3. 送 受 信 機

$$= \cdots + 3 \times \frac{1 + \cos(2\omega_1 t)}{2} \cdot \cos(\omega_2 t) + \cdots$$

$$= \cdots + \frac{3}{2}\cos(2\omega_1 t)\cos(\omega_2 t) + \cdots$$

$$= \cdots + \frac{3}{4}[\cos(2\omega_1 + \omega_2)t + \cos(2\omega_1 - \omega_2)t] + \cdots$$

の項を含むことがわかる．すなわち，回路が非線形であると図 3.15（b）に示すように，もとの二つのチャネルの両脇のチャネルに重なるような信号が出力 B には含まれることになる．もし，$2\omega_1 - \omega_2$ が所望波の周波数であったとすると，LNA の非線形性のため，妨害波から派生した波が所望波に重なることになる．これでは正確な受信ができなくなるので，LNA を設計するうえで，その線形性を確保することが重要な課題である．

3.2.4 イメージ信号の除去

ミキサを用いたダウンコンバージョンのときに注意すべき点にイメージ信号の除去がある．図 3.16（a）に受信経路のミキサ前後のブロックを示す．ここで，ミキシングを行うための発振器からの正弦波の周波数を ω_{LO} とした．このように用いられる発振器のことを局部発信器（local oscillator）と呼び，LO はその略である．ω_1 を所望波の周波数とすると，すでに述べてきたように，ミキシング後の信号 C の周波数は $\omega_{LO} - \omega_1$ となる．これを中間周波数（intermediate frequency）と呼び，ω_{IF} で表す．もし図 3.17（a）に示すように，ω_{LO} より ω_{IF} だけ高い周波数 ω_{im} の信号があったとすると，（b）で示すよう

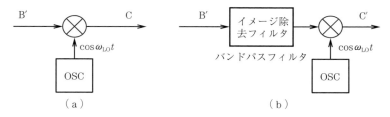

図 3.16 ダウンコンバージョンにおけるイメージ除去フィルタ

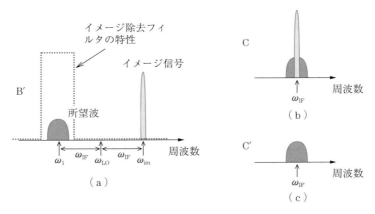

図 3.17 イメージ信号の所望波への折り返し

に，ダウンコンバージョン後はこれが所望波と重なることになる。このような信号のことをイメージ信号と呼ぶ。もちろんこれは避けなければならない。そこで（a）に示すようなバンドパス特性をもつイメージ除去フィルタを用意し，図 3.16（b）に示すようにミキサの前に配置する必要がある。このようにすることで図 3.17（c）で示すように所望波だけを低周波数領域に移動させることが可能になる。説明簡単化のため図 3.8 ではイメージ除去フィルタを省略したが，実際にはこのようなフィルタが情報端末には内蔵されている。

3.2.5 出 力 経 路

図 3.8 の出力経路について簡単に説明する。音声やタッチパネルからの入力はディジタル処理を経て D/A 変換器でアナログ信号に変換される。出力経路にある LPF は 3.2.4 項で示したイメージ除去フィルタである。受信経路のミキサとは逆で，送信経路のミキサは，送ろうとする信号周波数に OSC の周波数を加えて高周波信号を生成する。これをアップコンバージョンと呼ぶ。その後，電力増幅器（power amplifier：PA）で増幅し，アンテナから電波として情報を発信する。PA には良好な線形性が必要なことは 3.2.3 項で述べたとおりである。特に 2.4 節で説明した CDMA 信号のように，広い周波数帯域に

拡散された信号に対しては，広帯域で良好な線形性を確保する必要がある。

演 習 問 題

3.1 あなたが今使っているスマートフォンまたは携帯電話で，通信に使っている電波の周波数はいくらか調べよ。また，それは音声周波数のおよそ何倍に相当するか述べよ。
3.2 LNA，PA，BPF のフルスペルを書け。これらの機能は何か，および送受信機のどの部分で使われているか述べよ。
3.3 ミキサとは何か，また，どのような場合に使われるか述べよ。
3.4 電子回路内で発生する雑音にはどのようなものがあるか，調べてみよ。
3.5 回路の非線形性で2次の項を考えなくてよい理由を考察せよ。

談 話 室

ソフトウェア無線

　図3.8に示したように，RF回路としてアナログ回路が使われてきた。A/D変換器とD/A変換器をアンテナに直結させ，ミキシング，イメージ除去などをディジタル領域で実現できれば，プログラムの書き換えによりさまざまな無線方式に対応可能な送受信機が実現できると考えられる。アナログ回路ではそれぞれの無線方式に対応させて回路構成を最適化するため，多様な信号処理に対応することが難しい。それに対して，RF信号処理もプログラムを使ってソフトウェア化できればその問題点が解決できるわけで，そのような未来志向の無線技術を総称してソフトウェア無線と呼ばれている。その目標に近づくべく，CMOS集積回路技術の驚異的な進展を背景に，情報通信端末におけるアナログとディジタルの境界がアンテナ側に徐々に移ってきている。しかし，スマートフォンや携帯電話に対しては，妨害波が大きい厳しい無線環境でも微弱な所望波を受信できるように規格が決められていて，最先端の技術をもってしても，また，近い将来のシリコン技術の進展を考慮したとしても，アナログ回路を完全に排除した，理想的なソフトウェア無線機を実現するのは難しいと考えられている。その理由は，高周波信号を十分な精度でA/D変換することが困難なことにある。このため，アナログ回路は徐々にディジタル回路に置き換えられつつあるが，将来的にも，アンテナの直近では重要な役割を担っていくものと考えられる。

4 無線通信

　本章では，情報端末と基地局をつなぐ無線通信に焦点を当てて，電波という有限な資源を利用して，移動する端末と通信するためのさまざまなくふうについて説明する。特に，移動通信端末の位置情報管理，周波数を有効的に利用するための多重化・多元接続方式について説明する。一方，そのような移動通信技術と密接に関連する無線 LAN や Bluetooth についても説明する。ともに 2.4 GHz の ISM（industry science medical）バンドを利用するために，電波干渉を回避する仕組みが重要となる。さらに，近年の無線 LAN では高速化が著しく，信号を電波に乗せる変調方式が進化しているので，その概要も説明する。

4.1　通信ネットワークの構成とつながる仕組み

　無線通信は，有線ケーブルを利用せずに空間を伝送媒体とする。その中で，移動する端末を対象とする移動通信は，自動車電話から携帯電話へ，端末はフィーチャーフォン（いわゆるガラケー[†]）からスマートフォンへと進化した。1.1 節でも述べたように，これらの端末間では直接通信しておらず，通信ネットワークを経由して通信している。

4.1.1　移動通信ネットワークの概要

　移動通信ネットワークの概略図を**図 4.1** に示す。移動通信ネットワークは，基地局などからなる無線アクセスネットワークと，交換機であるノードなどか

[†] ガラケー：ガラパゴス・ケータイの略。

4. 無線通信

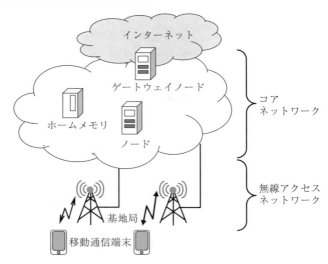

図 4.1 移動通信ネットワークの概略図

らなるコアネットワークから構成される。移動通信端末は基地局と電波で通信しながら移動するため，その位置を管理するためのホームメモリがコアネットワークの中に存在することが特徴である。また，情報通信における最小単位であるパケットを処理するノードや，外部のネットワークと相互接続するためのゲートウェイノードが存在する。

4.1.2 第3世代の移動通信ネットワーク

第3世代（3rd generation：3G）移動通信システムの構成を**図 4.2**に示す。3Gのコアネットワークには，従来の電話による通話のための回線交換と，インターネット接続のためのパケット交換がある。

図4.2は複雑なイメージがあるが，簡略化すれば図4.1に帰着する。図4.1に示す基地局として NodeB，ホームメモリとして HLR（home location register）がある。外部ネットワークと相互接続するためのゲートウェイノードとして，電話網と相互接続する GMSC（gateway mobile services switching cen-

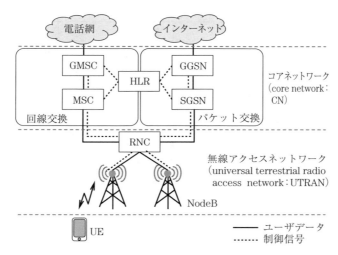

図 4.2　第 3 世代移動通信システムの構成

ter），およびインターネットと相互接続する GGSN〔gateway general packet radio service（GPRS）support node〕がある。また，ゲートウェイノード以外のノードとして，電話に用いる回線交換の経路設定のための MSC（mobile services switching center），およびパケット交換（パケット）の経路設定のための SGSN（serving GPRS support node）がある。また，図 4.1 に示していないノードとして，基地局に接続された移動通信端末（user equipment：UE）の通信制御をする RNC（radio network controller）が無線アクセスネットワーク（universal terrestrial radio access network：UTRAN）に存在する。RNC は，移動通信端末が隣接する基地局に移動した場合にも通信を継続させるためのハンドオーバ制御や，チャネル割当てなどを行う。3G ネットワークの装置の主な機能を**表 4.1** に示す。

通信経路がつながる仕組みは，LTE ネットワークと基本的には同じなので，4.1.3 項で説明する。

52　4. 無　線　通　信

表 4.1　3G ネットワークの装置の主な機能

装　置　名	主　な　機　能
UE（user equipment）	移動通信端末であり，Node B との間で無線信号の送受信をする。
NodeB	基地局であり，UE との間で無線信号の送受信をする。
RNC（radio network controller）	UE のハンドオーバ制御などをする。UE に対し無線チャネルの割当てを行う。
MSC（mobile services switching center）	電話の通話路を設定する。
GMSC（gateway MSC）	電話網と相互接続する。
SGSN（serving GPRS support node）	パケットの通信経路を設定する。GPRS：general packet radio service
GGSN（gateway GPRS support node）	インターネット（外部の IP ネットワーク）と相互接続する。
HLR（home location register）	UE の位置情報を管理する。

4.1.3　第 4 世代の移動通信ネットワーク

第 4 世代（long term evolution：LTE）移動通信システムの構成を**図 4.3** に示す。LTE のコアネットワーク（evolved packet core：EPC）では，すべてパケット交換により通信される。

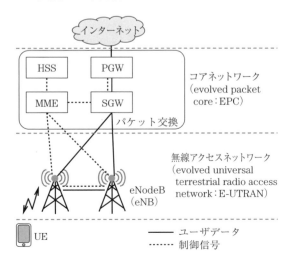

図 4.3　第 4 世代移動通信システムの構成

第3世代と同様，図4.3も簡略化すれば図4.1に帰着する．図4.1に示す基地局として，eNodeB (eNB)，ホームメモリとして HSS (home subscriber server)，および MME (mobility management entity) がある．外部ネットワークと相互接続するためのゲートウェイノードとして PGW〔packet date network (PDN) gateway〕がある．また，ゲートウェイノード以外のノードとして，パケットの経路設定のための SGW (serving gateway) がある．MME はパケットの経路制御やハンドオーバ制御などを行う．

LTE ネットワークでは，3G の RNC を削除し，その機能を eNB と MME に分散配置している．そのため，LTE の無線アクセスネットワーク (evolved UTRAN : E-UTRAN) が簡素化され，移動通信端末 (UE) からインターネットまでの3階層構造 (eNB, SGW, PGW) となり，通信の伝送遅延・接続遅延を低減している．LTE ネットワークの装置の主な機能を**表4.2**に示す．

表4.2 LTE ネットワークの装置の主な機能

装 置 名	主 な 機 能
UE (user equipment)	移動通信端末であり，eNode B との間で無線信号の送受信をする．
eNodeB	基地局であり，UE との間で無線信号の送受信をする．UE へのリソース管理（リソースブロックの割当て）を行う．
MME (mobility management entity)	UE を位置登録エリア群単位で管理し，SGW と eNobeB 間のパケットの転送制御をする．
HSS (home subscriber server)	UE を MME 単位で位置情報を管理する．
SGW (serving gateway)	MME からの指示により，パケットの通信経路を切り替える．
PGW (packet date network gateway)	インターネット（外部の IP ネットワーク）と相互接続する．

LTE ネットワークにおいて，つながる仕組みについて述べる．**図4.4**に示すように基地局がカバーするエリアをセル，移動通信端末の場所を管理するエリアを位置登録エリア (tracking area : TA) と呼び，サービスエリアはセルや位置登録エリアから構成される．**図4.5**に示すように，各移動通信端末に

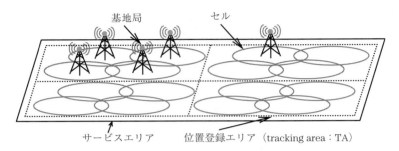

図 4.4 セルと位置登録エリア

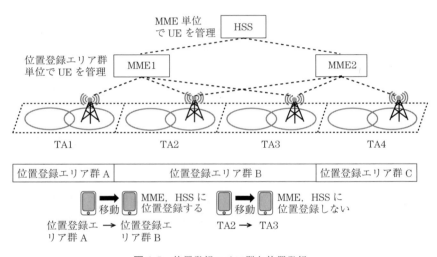

図 4.5 位置登録エリア群と位置登録

は，一つ以上の位置登録エリアにより構成される位置登録エリア群（TA list）が設定される。例えば，位置登録エリア群 B は TA2 と TA3 から構成される。移動通信端末の位置を，MME では位置登録エリア群単位で管理し，HSS では MME 単位で管理する。移動通信端末が位置登録エリアをまたがって移動しても，位置登録エリア群内の移動であれば位置登録が不要である。位置登録エリア群をまたがって移動したときのみ，MME, HSS に対し位置登録を行う。3G では位置登録エリア単位で位置登録を行っているので，多くの移動通信端末が位置登録エリアをまたいで移動するときに，多くのトラヒックを処理する必

要があった。LTE では，移動通信端末ごとに設定された位置登録エリア群単位で位置登録を行っているので，移動通信端末ごとに位置登録エリア群が異なることでトラヒックを分散できる。移動通信端末の呼び出しは，**図 4.6** に示すように位置登録エリア群単位で一斉呼び出しする。図 4.6 の例では，移動通信端末（UE1）が位置登録エリア群 B に属しているので，位置登録エリア群 B の基地局が移動通信端末を呼び出しする。この一斉呼び出しをページングともいう。

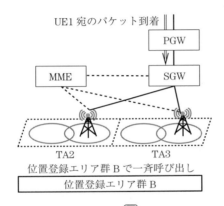

図 4.6　LTE における一斉呼び出し

移動通信端末がセルをまたいだときに，接続する基地局を切り替えることをハンドオーバという。LTE には，基地局間ハンドオーバと MME 間ハンドオーバがある。ここでは X2 ハンドオーバと呼ばれる基地局（eNB）間ハンドオーバについて述べる。ここで，X2 は基地局間のインタフェースの名称である。簡略化した動作原理を**図 4.7** に示す。① 移動通信端末は周辺基地局からの電波強度を測定し，ターゲット eNB からの受信強度が高いことをソース eNB に通知する。② ソース eNB では，移動通信端末からの通知に基づき，ハンドオーバの実施を決定し，ターゲット eNB にハンドオーバ要求する。③ ソース eNB は移動通信端末にハンドオーバを指示する。④ 移動通信端末はターゲット eNB に接続し同期処理をする。⑤ ターゲット eNB は，MME に

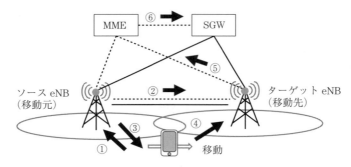

図 4.7　LTE における基地局間ハンドオーバ

「SGN ↔ ソース eNB」から「SGN ↔ ターゲット eNB」に経路の切替えを要求する。⑥ MME は SGW に切替え先の eNB を通知する。このように移動通信ネットワークにおいては，eNB，MME，SGN が連携して移動通信端末のハンドオーバを実施している。

4.2　無線アクセスネットワーク

4.1 節の無線アクセスネットワークでは，複数の移動通信端末と基地局との間で電波を共有して通信する。ここでは電波の利用方法について，複信方式と多元接続方式を説明する。移動通信システムには，一定の周波数帯域幅が与えられており，割り当てられた周波数を多くの移動通信端末で共有する制御方式が多元接続方式である。

4.2.1　複　信　方　式

無線通信における伝送方式は，単信方式，半複信方式，複信方式の 3 方式に分類される。
- 単信方式（simplex）：片方向通信
- 半複信方式（half duplex）：送信と受信を交互に行う通信
- 複信方式（duplex）：送信と受信を同時に行える双方向通信

単信方式は，ポケットベルなどの無線呼び出しで，半複信方式はトランシー

バーで利用される。移動通信システムでは，送受信間で双方向通信を行う複信方式を採用している。移動通信端末と基地局の間では，**図 4.8** のように移動通信端末から基地局への通信経路（アップリンク）および基地局から移動通信端末への通信経路（ダウンリンク）の二つの通信経路があり，二つの通信回線（チャネル）が必要である。アップリンク，ダウンリンクのそれぞれの通信チャネルは，上りチャネル，下りチャネルと呼ばれる。**図 4.9** のように上りチャネルと下りチャネルを周波数で分離する FDD（frequency division duplex：周波数分割複信），および同一周波数帯を利用し時間を区切って分離する TDD（time division duplex：時分割複信）がある。TDD は，送信と受信を同一周波数で切り替えているために，半複信方式の一種であるが，高速に送受信を切り替えるために擬似的に複信方式を実現している。

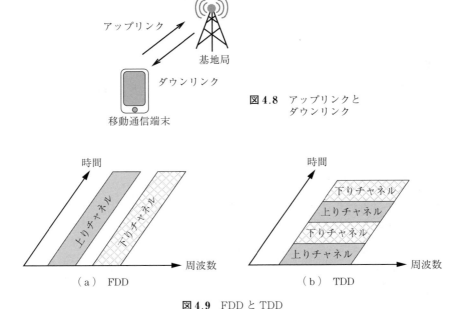

図 4.8 アップリンクとダウンリンク

図 4.9 FDD と TDD

FDD では上りと下りチャネルで二つの周波数帯が必要である。これに対して，TDD では同一周波数帯を利用し時間で区別しているため，周波数利用効

率の点では優れている。一方，TDD では図 4.10 のように移動通信端末 A から基地局 A への上りチャネルと基地局 B から移動通信端末 B への下りチャネルにおいて同一周波数を利用しているために，基地局 A において干渉が発生する可能性がある。それを防ぐため，実際には，基地局間で同期を取り，上りと下りの送信タイミングを合わせることで干渉を防いでいる。一方，FDD では上りと下りチャネル間で周波数が異なるため干渉が発生せず，基地局間同期が不要である。

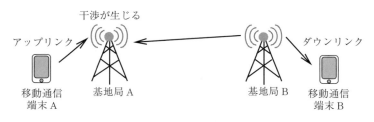

図 4.10　TDD における干渉

4.2.2　多元接続方式

無線アクセスネットワークでは，一つ基地局と複数の移動通信端末との間でデータを送信し合う。それを可能にするために，個々の移動通信端末に異なるチャネルを割り当て，端末間で送信データを取り違えることなく通信を行う必要がある。

個々の移動通信端末に異なるチャネルを割り当てたうえで，データを一括して伝送することを多重化（multiplexing）と呼ぶ。多重化には以下に示す 4 種類の方式があり，周波数，時間，符号の組合せにより，それぞれのチャネルに異なる情報を伝送するための技術である。

- FDM（frequency division multiplexing）：周波数分割多重
- TDM（time division multiplexing）：時分割多重
- CDM（code division multiplexing）：符号分割多重
- OFDM（orthogonal frequency division multiplexing）：直交周波数分割多重

また，個々の移動通信端末に割り当てたチャネルを利用し，周波数帯域を共

4.2 無線アクセスネットワーク

有するための制御方式を多元接続（multiple access）と呼び，以下に示す4種類の方式がある。なお，チャネルの割当ては4.1節で述べたRNC，eNBで行う。

- FDMA（frequency division multiple access）：周波数分割多元接続
- TDMA（time division multiple access）：時分割多元接続
- CDMA（code division multiple access）：符号分割多元接続
- OFDMA（orthogonal frequency division multiple access）：直交周波数分割多元接続

〔1〕 **FDMA** 移動通信システムで利用可能な周波数帯域を分割し，分割した周波数を異なるチャネルとして，各移動通信端末に割り当てて通信を行う方式である。**図4.11**では周波数の異なる三つのチャネル $F_1 \sim F_3$ があり，各移動通信端末 $UE_1 \sim UE_3$ にチャネルを割り当てる。ここで，各チャネル間で干渉しないように，ガードバンドが設定される。FDMA は，アナログ方式である第1世代移動通信システムで用いられていた。

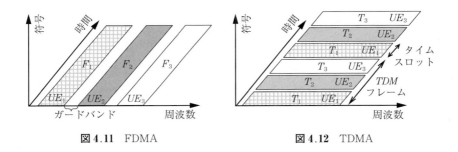

図4.11 FDMA **図4.12** TDMA

〔2〕 **TDMA** FDMA ではガードバンドを用いて干渉を回避していたために，周波数利用効率が悪い。収容可能な移動通信端末数を増加させるためにTDMA が採用された。TDMA では，ディジタル信号を用いて，ある周波数の電波を一定の長さの時間ごとに分割し，それぞれの移動通信端末が利用可能なタイムスロットとして割り当てて通信を行う方式である。一定の数のタイムスロットが繰り返される時間周期を TDM フレームと呼ぶ。それぞれの移動通信端末にフレームの先頭から順にタイムスロットを割り当てる。**図4.12** では，

三つのタイムスロット T_1〜T_3 で構成される TDM フレームがあり，時間軸上で繰り返される．このタイムスロット T_1〜T_3 が三つのチャネルに対応する．移動通信端末間でタイムスロットが重ならないように時間同期が必要であるが，FDMA では必要であったガードバンドが不要であり，周波数を効率よく利用できる．なお，時間的に分断されたタイムスロットを利用するが，送信側で TDM フレーム内の割り当てられていないタイムスロット分だけ高速化（圧縮）し，受信側で伸張（解凍）するために，リアルタイム通信が可能である．この方式は，第 2 世代移動通信システムで用いられていた．

〔3〕 **CDMA**　FDMA や TDMA では，近接するセルごとに異なる周波数を利用し，一定の距離が離れたセルで再利用するために周波数利用効率が悪い．CDMA では同一周波数を利用したセル構成であり，符号によりセルの識別を行う．全周波数帯域を符号多重するために，シングルセル単体では周波数効率が悪いが，多くのセルを用いた環境では，隣接セルで同一周波数を繰り返して利用できるために周波数利用効率がよく，FDMA や TDMA に比べ多くの移動通信端末を収容できる．詳細は 4.3 節で述べる．CDMA では，それぞれの移動通信端末に，0, 1 のランダムなビット列で構成された拡散符号と呼ばれる符号を割り当てて通信を行う．移動通信端末からの送信信号の時間変化と比較して，拡散符号に用いる 0, 1 の時間変化は十分に速いことを仮定している．送信信号と拡散符号の論理積をとった信号が実際に送信される．論理積をとることで，図 4.13 に示すように，送信される信号は広い周波数帯域に低電力密度で拡がる．これを信号が拡散されたという．受信側では，拡散に使ったものと同じ拡散符号の論理積をとり，さらにその総和を求めることで，もと

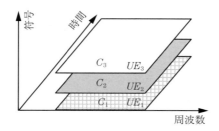

図 4.13　CDMA

の送信信号を復元する[†]。別の移動通信端末に割り当てられた別の拡散信号を用いて同じ処理をしても，0と1の論理積の総和が0になるので，他の端末の信号を読み取ることはできない。このことを，各移動通信端末に割り当てられる拡散符号は互いに直交していて，分離度が高い，という。このために，同一周波数帯，同一時間で複数の移動通信端末が送信しても，各移動通信端末からの信号を識別できる。図4.13では三つの符号 C_1〜C_3 があり，各移動通信端末にこれらの符号を割り当てて通信を行う。この符号がチャネルに対応する。この方式は，第3世代（3G）移動通信システムで用いられている。

〔4〕**OFDMA**　CDMAでは，低電力密度の広帯域信号を利用するために，遅延波の影響を受けやすい。OFDMAはFDMAとTDMAを組み合わせた方式で，周波数と時間を分割したリソースブロックを用いて，リソースブロックを各移動通信端末に割り当てて通信を行う。リソースブロックは，電波状況などに基づいて割り当てられる。FDMAでは，各チャネル間の干渉を回避するためにガードバンドを用いていたが，OFDMAでは，リソースブロックの周波数帯域をさらに細かく分割したサブキャリアを利用する。サブキャリア間では周波数間隔を限界まで狭めるが，直交関係があるためにそれぞれは干渉しない。**図4.14**では，三つの移動通信端末に対し，電波状況などに応じてリソースブロックを割り当てている。**図4.15**は，はじめのタイムスロットの無線回線品質（signal to interference and noise ratio：SINR）を示しており，無線

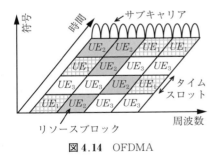

図4.14 OFDMA

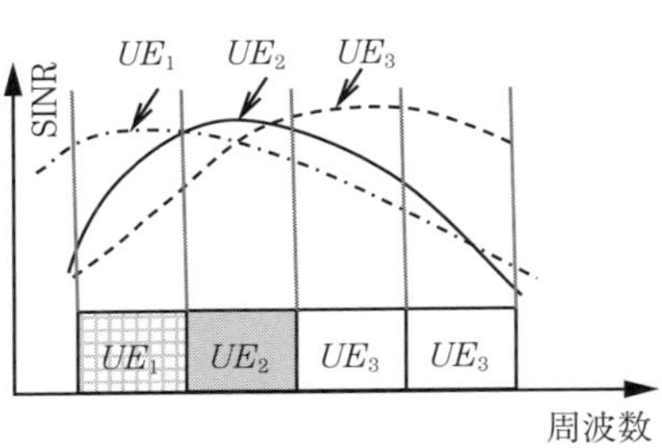

図4.15 SINRとリソースブロックの割当て

---

† 具体的には2.4節を参照のこと。

回線品質のよい移動通信端末に対してリソースブロックを割り当てている。この方式は，第4世代（LTE）移動通信システムで用いられている。OFDMについては4.4節でさらに詳しく説明する。

4.2.3 多元接続方式と複信方式の組合せ

移動通信システムでは，多元接続方式と複信方式を組み合わせて利用する。例えば，日本で利用されていた第2世代移動通信システムであるPDC（personal digital cellular）では，図4.16に示すようにTDMフレームが三つのタイムスロットで構成される3ch TDMA/FDD（フルレートの場合）である。ここで，フルレートとは通信システムに与えられた周波数帯域をすべて使う通信を意味する。これに対して，周波数帯域の1/2を使う場合をハーフレートと呼ぶ。また，ヨーロッパを中心に利用されているGSM（global system for mobile communications）は8ch TDMA/FDD（フルレートの場合）である。また，日本で使われているPHS（personal handy-phone system）では，図4.17に示すように4ch TDMA/TDDが利用されている。

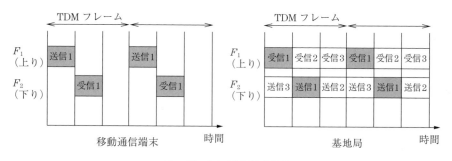

図4.16 3ch TDMA/FDD

第3世代移動通信システムであるW-CDMA（wideband CDMA）ではFDDを利用している。LTEでは，FDDまたはTDDを利用したシステムがある。LTEでは，上りにSC-FDMA（single carrier FDMA），下りにOFDMAを利用している。OFDMでは，複数のサブキャリアが重なり合い大きなピーク対平均電力比（peak-to-average power ratio：PAPR）が生じる。PAPRが大き

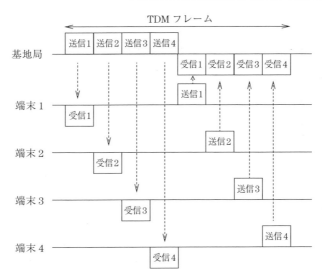

図 4.17 4ch TDMA/TDD

いと電力効率の低下を引き起こすことから，低省電力化が求められる移動通信端末からの上り回線では OFDM を採用していない．

4.3 電波の性質とセル間干渉対策

4.3.1 電波の発生

電磁波の発生は，電磁気学で学んだアンペールの法則とファラデーの法則により理解できる．アンペールの法則によれば，**図 4.18** のように導線に電流を流すと，その周囲に磁界が発生する．磁界の向きは電流に対して直角方向である．一方，ファラデーの法則によれば，磁界が時間変化すると電界が発生する．例えば，**図 4.19** のようにコイルの近くで磁石を動かすと電界が発生し，導線に誘導電流と呼ばれる電流が流れる．

ここで**図 4.20** に示すように，コンデンサの上下の極板に交流電圧を印加することを考える．コンデンサの極板間には電流は流れないが電界が発生している．変位電流の考え方によれば，この電界の変化は電流の変化と見なすことが

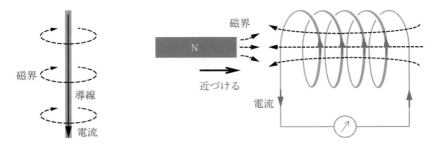

図 4.18 アンペールの法則　　**図 4.19** ファラデーの電磁誘導の法則

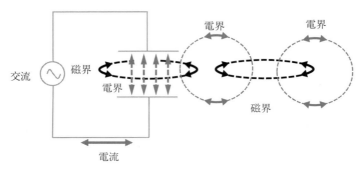

図 4.20 交流電源による電波の発生

できるため，アンペールの法則を適用すると，その周囲に発生した磁界が時間的に変化することになる。さらにその磁界の時間的な変化により新たな電界が発生する。このようにして電界と磁界が交互に時間的に変化しながら空間を伝わっていくのが電磁波である。交流電圧に情報を担った信号成分を加えれば，すなわち変調信号を加えれば，電波で情報を伝えることができる。なお，わが国の電波法では「300 万 MHz 以下の周波数の電磁波」のことを「電波」と定めている。本書では電波と電磁波を同義語として用いる。

　ここで用いたコンデンサは電磁波の発信源になっていて，通常，アンテナと呼んでいるものである。その逆に，電磁波がアンテナに到達すると，電磁波に含まれる電界の変化によりアンテナにつながれた導線に微小な電流が流れる。この電流を増幅することで，電波に乗って送られてきた情報を受け取ることができる。

4.3.2　回折と反射

　基地局から移動通信端末までの電波伝搬の様子を **図 4.21** に示す。基地局と移動通信端末の間で見通しがよければ，移動通信端末では直接波を受信できる。見通しが悪くても，ビルに反射した反射波やビルの影に回り込んだ回折波を受信できる。

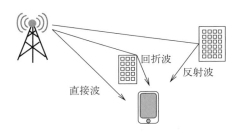

図 4.21　基地局から移動通信端末までの電波伝搬の様子

　回折とは，波が伝わる空間に障害物があるとき，波長と同程度の距離だけ障害物の影に回り込む現象をいう。光も電磁波であり回折が起きるが，電波と違い波長が短いので日常のスケールでは回折が顕著に起こることはない。**図 4.22** に示すように，太陽が見通せる場所では日向であるが，見通せない場所では日陰となり光は到達しない。電波は光と比べて波長が長く，ビル影やビル内部のように基地局を見通せない場所でも，回折により電波を受信できる。電波の回折を **図 4.23** に示す。この場合，波長が長いほど，言い換えれば，周波数が低いほど有利である。

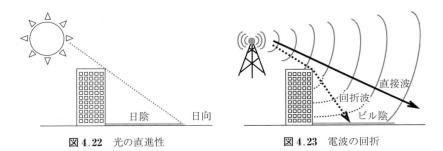

図 4.22　光の直進性　　　　**図 4.23**　電波の回折

　このように，無線通信では直接波だけではなく反射波や回折波が関係するが，電波の周波数によってこれらの関係が異なるため，注意が必要である。ま

た，周波数が低いと送ることができる情報量が少なくなることも覚えておきたい。さらに，周波数が高くなると減衰が大きくなるために，電波の到達エリアが狭くなる性質がある。

4.3.3 伝搬損失

電波の散乱，吸収がなく，障害物もない空間を自由空間と呼ぼう。自由空間に点状の波源を置き，そこから電波を放射すると，図 4.24 に示すように電波は球面上に拡がっていく。波源から放射される全電力を P とすると，波源から距離 d の地点の単位面積当りの電力は，全エネルギーを球面積 $4\pi d^2$ で割った値 $P/(4\pi d^2)$ となる。すなわち，波源からの距離の 2 乗に反比例して受信電力が減衰することになる。

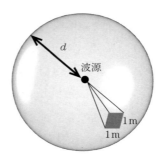

図 4.24　自由空間での受信電力

実際には基準アンテナ（等方性アンテナ）の実効面積 $\lambda^2/(4\pi)$ を考慮するため，単位面積当りで考えれば，電波の減衰は距離だけではなく周波数にも依存する。それを表現したのがフリス（Friis）の伝達公式であり，自由空間における伝搬損失 L は，式 (4.1) で示される。

$$L = 4\pi d^2 \times \frac{4\pi}{\lambda^2} = \left(\frac{4\pi d}{\lambda}\right)^2 = \left(\frac{4\pi d f}{c}\right)^2 \tag{4.1}$$

ここで，d〔m〕は送受信間の距離，λ〔m〕は波長，f〔Hz〕は周波数，c〔m/s〕は光速である。式 (4.1) をデシベル表示すると式 (4.2) になり，距離に関係な

い部分 ($4\pi/\lambda$) と距離に関係する部分 (d) に分離できる[†]。

$$L \text{〔dB〕} = 10 \log_{10}\left(\frac{4\pi d}{\lambda}\right)^2 = 20 \log_{10}\left(\frac{4\pi d}{\lambda}\right)$$

$$= 20 \log_{10}\left(\frac{4\pi}{\lambda}\right) + 20 \log_{10}(d) \tag{4.2}$$

実際の環境には障害物があるために，近似的には式 (4.3) のように，伝搬損失指数 α を用いて示される。ここで，自由空間では $\alpha = 2$，一般の市街地伝搬では $\alpha = 3 \sim 4$ である。

$$L \text{〔dB〕} = 20 \log_{10}\left(\frac{4\pi}{\lambda}\right) + 10\alpha \log_{10}(d) \tag{4.3}$$

したがって，送信源の送信電力を P とすると，距離 d の地点での受信電力 P_r は式 (4.4) で示され，$d^{-\alpha}$ に従って減衰する。

$$P_r = \frac{P}{L} = P\left(\frac{\lambda}{4\pi}\right)^2 d^{-\alpha} = P\left(\frac{c}{4\pi f}\right)^2 d^{-\alpha} \tag{4.4}$$

また，式 (4.1) より，周波数が高いほど伝搬損失が大きくなることもわかる。**図 4.25** に示すように，減衰の度合いは周波数が高いほど大きい。

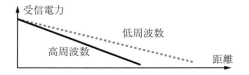

図 4.25 距離と周波数による受信電力のイメージ

移動通信システムにおいて，2.1 GHz 帯は IMT（international mobile telecommunication）コアバンドと呼ばれ，世界中の 3G/LTE システムで用いられている。一方，2.1 GHz 帯に比べ，700～900 MHz 帯は周波数が低いために，伝搬損失が小さく遠くまで電波が届き，電波の回折効果も大きい。そのため，700～900 MHz 帯は，移動通信システムに適したバンドであることから，

[†] デシベルとは，信号の強度比を対数表示したものである。10 倍，100 倍を 1 桁，2 桁と表すことに似ている。二つの信号の強度を P_1, P_2 とするとき，その強度比 P_1/P_2 の常用対数をとり 10 倍したもの，すなわち $10 \log_{10}(P_1/P_2)$ を強度比のデシベル表示と呼び，デシベル表記であることを明確に示すため，その数値の後に dB（ディービーと読む）を付けることになっている。ここでは，信号強度の初期値を 1 とし，それが量 L に減衰したことから，そのデシベル表示として $10 \log_{10}(L/1)$ を考えている。

プラチナバンドとも呼ばれている。

4.3.4 干渉抑止対策

移動通信システムでは，サービスエリア全体で通信できるようにするために，サービスエリアを複数のセルでくまなくカバーしている。これは，移動通信システムに割り当てた周波数を有効利用するためである。基地局に収容可能な移動通信端末数は有限であるために，エリア全体を大きなセルで覆うよりも，小さなセルで構成したほうが，エリア全体での収容可能な移動通信端末数が多くできるためである。セルごとに利用する周波数が異なれば，隣接セル間で干渉が生じない。実際には，基地局数は膨大であり，セルごとに異なる周波数を割り当てることができない。電波は距離とともに減衰するため，**図 4.26**のように，地理的に離れたところでは周波数を繰り返し利用する。これは，セル間干渉を回避すると同時に周波数資源を有効に利用するための原則であり，周波数をセルごとに割り当てる FDMA や TDMA に適用される。

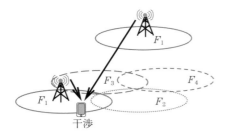

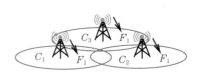

図 4.26 FDMA/TDMA のセルの周波数　　**図 4.27** CDMA のセルの周波数

CDMA のダウンリンクでは，セルごとに異なる符号を割り当てている。FDMA や TDMA と異なり，符号によりセルを識別できるため，**図 4.27**のように同一周波数を全セルで共通に利用する。

LTE のダウンリンクなどで用いられる OFDMA では，**図 4.28**のように同一周波数帯域を全セルで共通に利用する。セル間で同時刻に同一周波数を利用すると，セル境界において干渉が発生する可能性がある。この干渉を避けるために，隣接基地局間で協調して，セル端の移動通信端末に対しては重複しない

図 4.28　OFDMA のリソースブロック割当て

ようにリソースブロックを割り当てる。この技術はセル間干渉調整（inter-cell interference coordination：ICIC）技術と呼ばれる。また，セル中心付近の移動通信端末に対しては，送信電力を下げることでセル間干渉を回避できるために，全周波数を利用する。

4.4　近距離無線通信[†]

基地局とスマートフォンをつなぐ移動通信ネットワークのほかにも，近距離で無線通信を行う無線 LAN（local area network）や Bluetooth が知られている。本節では，これまでに説明した無線通信技術を組み合わせて実現されたこれらのシステムについて説明する。

4.4.1　無線 LAN：IEEE 802.11 規格

無線 LAN は IEEE（The Institute of Electrical and Electronics Engineers：米国電気電子学会）802.11 や Wi-Fi とも呼ばれる。現在，最も普及している無線 LAN は IEEE802.11 標準化委員会で作成された規格に基づくものであり，IEEE802.11a/b/g/n/ac などが市販の無線 LAN 製品に搭載された規格である。なお，IEEE802 は，LAN および MAN（metropolitan area network）に関する標準化委員会を 1980 年 2 月に設立したことから，802 と名付けられた。IEEE802.11 の 11 は，IEEE802 標準化委員会の中で 11 番目に設立された委員会であることを示す。IEEE802.11a/b/g/n/ac の添字の a/b/g/n/ac は標準の改定記号である。最初の規格は IEEE802.11 であり，例えば，IEEE802.11b

---

[†] 本節はやや高度な内容を含んでいるので，初学者は本節を飛ばして 5 章に進んでもよい。

はIEEE802.11に新しい規格を追加したものである．関連する標準化規格として，IEEE802.3（Ethernet），IEEE802.15（Bluetooth，ZigBee），IEEE802.16（WiMAX）などがある．

一方，IEEE802.11準拠無線LAN製品の普及促進を図ることを目的とした業界団体としてWi-Fiアライアンスがある．無線LAN製品の相互接続試験方法の策定や相互接続性の認証，さらにIEEE802.11規格とは別にマーケットが求める機能仕様を規定している．現在市販されている無線LAN機器の多くがWi-Fiアライアンスが定める相互接続試験に合格し，Wi-Fi認証を取得している．Wi-Fi認証を取得した製品のみに対しWi-Fi CERTIFIEDロゴの使用が許可される．Wi-Fiアライアンスが独自に策定した規格として，無線LANの接続設定をプッシュボタンで行えるようにしたWPS（Wi-Fi protected setup）がある．また，IEEE802.11標準化委員会で規格の策定が難航している間に，世の中のニーズが高まったために，その策定中の機能を一部切り出して，Wi-Fiアライアンスが策定した規格がある．リアルタイム性が求められる映像や音声を優先的に送信させるためのWMM（Wi-Fi multimedia），セキュリティ強度を向上させるためのWPA（Wi-Fi protected access）などである．

〔1〕**概 略** IEEE802.11標準化規格は無線LANについての規格を定めたもので，世界標準の規格となっている．IEEE802.11規格を**表4.3**に示す．IEEE802.11規格の特徴は先行規格との互換性があることで，例えばIEEE802.11bとIEEE802.11gは互いに通信可能である．IEEE802.11標準化委員会では，ネットワークにおけるハードウェアに関する規格を定めている．具体的には，物理層とMAC（media access control）層と呼ばれている部分で，以下に詳細を説明する[†]．

[†] ネットワークは，ソフトウェアからハードウェアまでがつながった形で構成されている．それを階層化する考え方としてTCP/IPモデルとOSI参照モデルが知られている．7.1，7.2節で説明するTCP/IPモデルでは，最もハードウェア側の部分を「ネットワークインタフェース層」と呼ぶ．一方，OSI参照モデルではこの層に対応する部分が「物理層」と「データリンク層」に分けられたものと考えられている．さらに「データリンク層」の構成要素として「MAC層」がある．本章と5章ではこれらの最もハードウェア側の層にかかわる事項を説明する．

4.4 近距離無線通信

表 4.3　IEEE802.11 規格

標準化時期	1997 年	1999 年	1999 年	2003 年	2009 年	2013 年
規　格	802.11	802.11 a	802.11 b	802.11 g	802.11 n	802.11 ac
周波数	2.4 GHz	5 GHz	2.4 GHz	2.4 GHz	2.4 GHz 5 GHz	5 GHz
伝送レート	2 Mbps	54 Mbps	11 Mbps	54 Mbps	600 Mbps	6.933 Gbps
物理レイヤ	DSSS	OFDM 64 QAM	CCK	OFDM 64 QAM	OFDM MIMO チャネルボンディング 64 QAM	OFDM MIMO チャネルボンディング 256 QAM
MACレイヤ	CSMA/CA	CSMA/CA	CSMA/CA	CSMA/CA	CSMA/CA フレームアグリゲーション	CSMA/CA フレームアグリゲーション

表 4.3 で示したように，IEEE802.11 規格で利用する周波数は 2.4 GHz 帯と 5 GHz 帯である．それぞれの帯域のチャネル配置を図 4.29 および図 4.30 に示す．2.4 GHz 帯のチャネルは 1〜13ch の 13 個である．5 MHz 間隔のチャネル

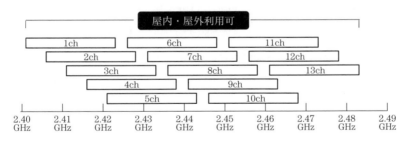

図 4.29　2.4 GHz のチャネル配置

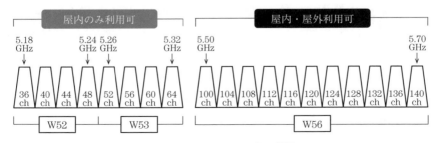

図 4.30　5 GHz のチャネル配置

のため，隣接チャネル間で干渉が発生する．干渉の影響を回避するため，通常は1ch, 6ch, 11chのように5chずつ離して繰り返し利用する．2.4 GHz帯は，ISM（industry science medical）バンドと呼ばれ，Bluetoothや電子レンジなどで利用されるため，無線LANに干渉を与える妨害源が多い．一方，5 GHz帯は5.2 GHz帯，5.3 GHz帯，5.6 GHz帯に分けられ，それぞれW52, W53, W56と呼ばれる．2.4 GHz帯と異なり無線LANに干渉を与える妨害源はないが，無線LANが他の無線通信システムに影響を及ぼす恐れがある．5.15〜5.25 GHz帯は移動体衛星通信システム，5.25〜5.35 GHz帯は気象レーダ，5.6 GHz帯は各種レーダ（船舶，航空）で利用されている．なお，W52およびW53は屋内利用に制限されている．また，W53およびW56では，レーダに影響を及ぼす可能性が明らかになったときに動的にチャネルを変更するDFS（dynamic frequency selection），およびレーダとの干渉を軽減させるために送信電力を制御するTPC（transmission power control）の機能が実装されている必要がある．

〔2〕 **物理層**　IEEE802.11規格で利用されている物理層について述べる．

（1）**DSSSとCCK**　表4.3で示したように，IEEE802.11および11bでは物理層にDSSS（direct sequence spread spectrum）およびCCK（complementary code keying）が採用された．いずれもスペクトラム拡散技術に基づく方式である．スペクトラム拡散方式には直接拡散方式と周波数ホッピング方式がある．ここで使われているのは直接拡散方式であり，情報信号に対して拡散符号を乗じることで，低電力密度の広帯域信号へと変換するためにノイズ耐性が高い．**図4.31**および**図4.32**にDSSSとCCKの送信信号のイメージをそれぞれ示す．CCKでは，シンボルレートを1.375 MHzに増やし，拡散符号に情報をもたせ，さらに，拡散符号を11 chipsから8 chipsにした．そのため，CCKはDSSSよりも雑音の影響を受けやすい．IEEE802.11の最大伝送速度は，1 μs/シンボルで2ビット（DQPSK変調）の情報を伝送することから2 Mbps，IEEE802.11bの最大伝送速度は，0.727（= 1/1.375）μs/シンボルで2ビット（DQPSK変調）と6ビット（拡散符号の情報）を伝送することから

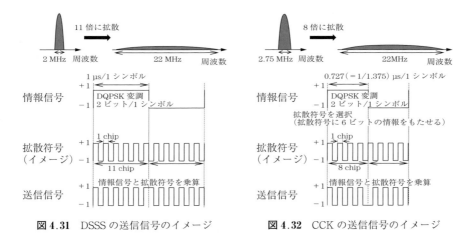

図 4.31 DSSS の送信信号のイメージ   **図 4.32** CCK の送信信号のイメージ

11 Mbps となる。

(2) OFDM　IEEE802.11a，IEEE802.11g などで採用された OFDM について述べる。まず信号の帯域幅について説明する。**図 4.33** に示す孤立矩形波 $u(t)$ をフーリエ変換したフーリエ成分 $U(f)$ は

$$U(f) = \int_{-\infty}^{\infty} u(t)e^{-j2\pi ft} dt = \int_{-T/2}^{T/2} e^{-j2\pi ft} dt = T\left[\frac{\sin(\pi fT)}{\pi fT}\right] \quad (4.5)$$

となる。フーリエ成分 $U(f)$ は周波数 f の波の振幅であり，$|U(f)|^2$ はその波の単位周波数幅当りのエネルギー，すなわちエネルギースペクトル密度である。孤立矩形波 $u(t)$ を周期 T の矩形波とすると，パワースペクトル密度 $P(f)$ は

$$P(f) = \frac{1}{T}|U(f)|^2 \quad (4.6)$$

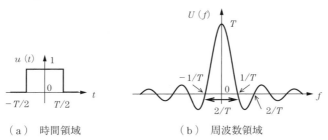

(a) 時間領域　　　(b) 周波数領域

図 4.33 孤立矩形波とフーリエ変換

となる。デシベル表現すると

$$P_{dB}(f) = 10 \log_{10} P(f) \tag{4.7}$$

となり、これを**図 4.34**に示す。サイドローブは、周波数スペクトルの余分な拡がりであり、フィルタを用いて抑圧することにより、信号の帯域幅は $2/T$ となる。

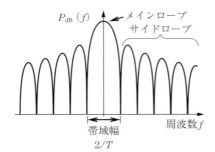

図 4.34 矩形波のパワースペクトル密度

さて、無線通信環境では、**図 4.35**のように送信側で広帯域信号を送信したとき、マルチパスの影響を受ける。このとき、それぞれの波の遅延時間 τ は同じだが、周波数が異なるため干渉状態が異なる。図のように三つの周波数 f_1, f_2, f_3 に対し直接波と遅延波を合成させると、周波数 f_2 成分が 0 となる。この

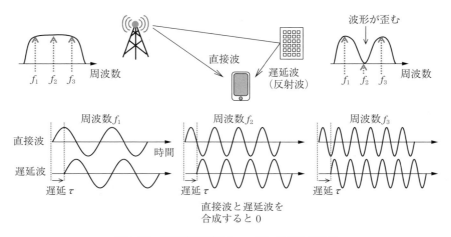

図 4.35 周波数選択性フェージングの発生原理

結果,スペクトルが変化し,受信側では時間軸で見たときの波形が歪むことになる.

図 4.36 のように,周波数帯域内で受信電力が変化し波形歪が生じることを周波数選択性フェージングという.もし十分に狭い帯域を使えば,周波数選択性フェージングは生じない.しかし,帯域が狭いとその帯域内での歪がないが,1 シンボル当りに必要な伝送時間 T_s を長くする必要がある.図 4.37 のように,シリアル/パラレル (serial-to-parallel:SP) 変換を利用してパラレル伝送すれば,1 シンボル当りの伝送時間を長くできる.IEEE802.11a/g/n/ac で採用された OFDM では,これらの手法を組み合わせることで,マルチパスによる周波数選択性フェージングの影響を軽減している.以下でその詳細を説明する.

シリアル/パラレル変換によりシンボル時間を伸ばすと,帯域幅が狭くなることはすでに述べた.しかし,このままでは,シリアル/パラレル変換の出力

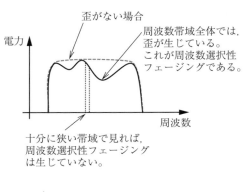

図 4.36 周波数選択性フェージング

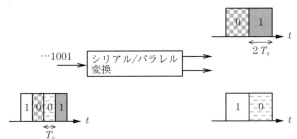

図 4.37 シリアル/パラレル変換

76　　　4. 無 線 通 信

は，周波数スペクトルの中心周波数がすべて 0（図 4.33 の周波数領域で示すように中心周波数が 0）であり重なっていて，このまま伝送すると，受信側で信号を分離できない。これを避けるためには，**図 4.38** のように，シリアル/パラレル変換の出力を別々の周波数に乗せる。

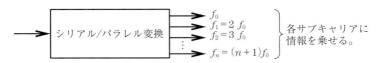

図 4.38　シリアル/パラレル変換後の出力

中心周波数が 0 の信号の中心周波数を f_1 に変えるためには，周波数 f_1 の信号を掛ける。図 4.33 に示した矩形波 $u(t)$ に $e^{j2\pi f_1 t}$ を乗算した波形をフーリエ変換したフーリエ成分 $U'(f)$ は

$$U'(f) = \int_{-\infty}^{\infty} u(t) \times e^{j2\pi f_1 t} \times e^{-j2\pi f t} dt$$

$$= \int_{-\infty}^{\infty} u(t) \times e^{-j2\pi (f-f_1)t} dt = U(f - f_1) \tag{4.8}$$

となり，**図 4.39** のように中心周波数が f_1 となる。シリアル/パラレル変換後のシンボル長（OFDM シンボル）を $T_0 (= 1/f_0)$ とし，それぞれの信号を周波数領域で示すと OFDM のスペクトルは**図 4.40** のようになる。パラレル/シリアル変換後に乗算する波はサブキャリアと呼ばれ，各サブキャリアに情報が乗る。各サブキャリアには，$e^{j2\pi n f_0 t} = \cos(2\pi n f_0 t) + j\sin(2\pi n f_0 t)$（$n$ は整数）を用いる。三角関数には式 (4.9) で示す直交関係をもつことが知られている。例えば，$\cos(2\pi f_0 t)$ と $\cos(2\pi \cdot 2 f_0 t)$ は直交関係にある，あるいは直交す

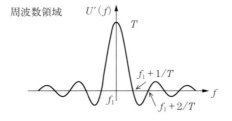

図 4.39　中心周波数の変換

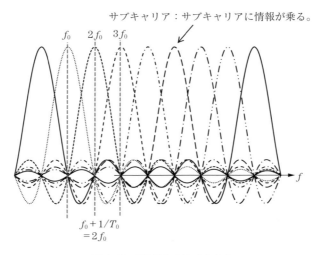

図 4.40 OFDM のスペクトル

る，という。このため，隣接するサブキャリア間で干渉が生じない。サブキャリアの中心周波数間隔 Δf（つまり，f_0），OFDM シンボル長 T_0 の間には，$\Delta f \times T_0 = 1$ が成り立つ。

$$\left.\begin{array}{l} \int_0^{T_0} \cos(2\pi m f_0 t) \cdot \cos(2\pi n f_0 t) dt = \begin{cases} \dfrac{T_0}{2} & (m = n) \\ 0 & (m \neq n) \end{cases} \\ \int_0^{T_0} \sin(2\pi m f_0 t) \cdot \sin(2\pi n f_0 t) dt = \begin{cases} \dfrac{T_0}{2} & (m = n) \\ 0 & (m \neq n) \end{cases} \\ \int_0^{T_0} \cos(2\pi m f_0 t) \cdot \sin(2\pi n f_0 t) dt = 0 \end{array}\right\} \quad (4.9)$$

サブキャリアの帯域幅は，無線通信システムごとに決められている。周波数選択性フェージングの影響を回避するためには，シリアル/パラレル変換後のシンボル長を出来る限り長くすればよいと思われるが，サブキャリアは狭帯域信号かつサブキャリア間隔が小さいために，端末の移動に伴うドップラーシフトの影響を受けやすくなる。ドップラーシフトが顕著になると，送信側と受信側でサブキャリアの中心周波数が異なり，隣接サブキャリア間で干渉を引き起

こす。

　一方，**図4.41**のようにマルチパスにより，シンボル抽出区間内において隣接シンボル間で干渉が発生する。シンボル間干渉を回避するために，**図4.42**のようにシンボルの後半をシンボルの先頭にコピーする。この期間をガードインターバルと呼ぶ。図に示すように，ガードインターバルによって，シンボル抽出区間内に遅延波の隣のシンボルが入ってこないために，シンボル間干渉を回避できる。

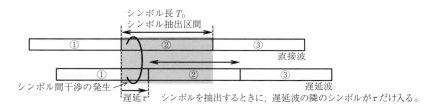

図4.41　シンボル間干渉

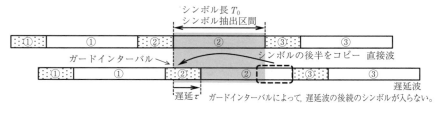

図4.42　ガードインターバル

　IEEE802.11n/acでは，IEEE802.11aで利用しているガードバンドよりも短い，ショートガードインターバルを利用している。ショートガードインターバルは，近距離の環境（遅延が小さい環境）で適用する。

　（3）**MIMOとチャネルボンディング**　IEEE802.11n/acで採用されているMIMO（multiple input multiple output）技術について説明する。**図4.43**のように送信データ X_1, X_2 に対し，異なるアンテナで異なるデータを送信する。受信側では X_1 と X_2 が混ざった状態で受信されるが，伝搬にかかわる伝達関数 h_{ij} が既知であるとすると，受信データ Y_1, Y_2 から送信データを再現することができる。伝達関数は，送受信間で決められた既知信号を各アンテナ

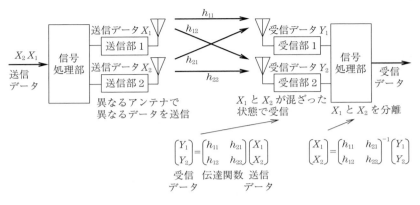

図 4.43 MIMO の原理

から順次送信（他のアンテナからは送信しない）することで求められる．空間を利用した多重化であることから空間多重とも呼ばれる．この図の場合，送受信側で二つのアンテナを用いていることから2倍のデータを送信でき，空間多重数は2である．

さらに IEEE802.11n/ac では，チャネルを束ねて利用するチャネルボンディング技術が採用されている．図4.30で述べた W56 を例にあげ**図 4.44** に示す．IEEE802.11a では帯域幅 20 MHz であるが，IEEE802.11n では帯域幅 40

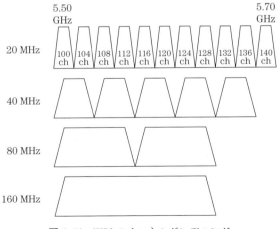

図 4.44 W56 のチャネルボンディング

MHz，IEEE802.11ac では帯域幅 160 MHz に拡大した。これにより，単純計算では，IEEE802.11a 比べて IEEE802.11n では 2 倍，IEEE802.11ac では 8 倍のデータを送信できる。厳密には，サブキャリア数によって送信可能なデータ数が決まる。

（4）最大伝送速度　表 4.4 に示す各種パラメータを用いて IEEE802.11a と IEEE802.11n の最大伝送速度を求めてみる。IEEE802.11a では，1 サブキャリアで伝送できるビット数は 6 ビット，データ伝送で利用するサブキャリア数は 48 なので，これを掛け算することで，1 シンボル当りに伝送できるビット数は 288 ビットと求まる。符号化率が 3/4 ということは，288 ビットのうち 1/4 を誤り訂正符号に利用することを意味する。そのため，実際に伝送できるデータビット数は 288 ビット × 3/4 = 216 ビットとなる。また，1 シンボル長は 4 μs のため，IEEE802.11a の最大伝送速度は，$216/(4 \times 10^{-6}) = 54$ Mbps と求まる。IEEE802.11n の最大伝送速度も同様に算出できる。すなわち，実際に伝送できるデータビット数は 540 ビット，1 シンボル長は 3.6 μs のため，$540/(3.6 \times 10^{-6}) = 150$ Mbps となる。さらに MIMO 空間多重数が 4 のため，$150 \times 4 = 600$ Mbps となる。IEEE802.11ac の最大伝送速度は，同様に算出すると 6.933 Gbps となる。

表 4.4　IEEE802.11 規格の各種パラメータ

規　格	802.11 g	802.11 n	802.11 ac
変調方式	64 QAM	64 QAM	256 QAM
符号化率	3/4	5/6	5/6
1 サブキャリアで伝送できるビット数	6	6	8
データ伝送で利用するサブキャリア数	48	108	468
1 シンボル長〔μs〕 （ガードインターバル長〔μs〕）	4.0 (0.8)	3.6 (0.4)	3.6 (0.4)
MIMO 空間多重数	—	4	8

〔3〕MAC 層　MAC 層で採用された CSMA/CA（carrier sense multiple access with collision avoidance）方式の基本となっている CSMA の動作原理を図 4.45 に示す。carrier sense はチャネル利用状況をチェックすることであり，チャネルが使われている状態，すなわちビジー状態のときは，空き状

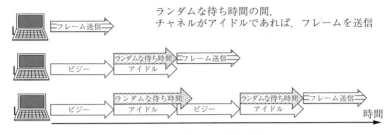

図 4.45 CSMA の動作原理

態,すなわちアイドル状態まで待つ.チャネルがアイドル状態のときは,ランダム時間待つ.待ち時間の間,チャネルがアイドル状態ならば待ち時間経過後にフレームを送信する.一方,待ち時間の経過中に,チャネルがビジー状態になった場合には,再度ランダム時間だけ待つ.これにより,同じチャネルを使って同時にフレームを送信することで生じるフレーム衝突と呼ばれる状況を回避する.

IEEE802.11n/ac では,フレームを一つずつ送信するのではなく,複数個をまとめて送信するフレームアグリゲーション技術を用いることで,個々のフレーム送信までのランダムな待ち時間,すなわちオーバヘッドを削減する.

〔4〕 **SSID とセキュリティ**　IEEE802.11 では,図 4.46 で示すように,親機の役割を果たす無線 LAN アクセスポイント(AP)と子機の役割を果た

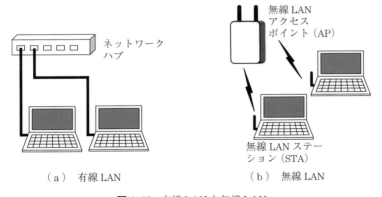

(a) 有線 LAN　　　　　　(b) 無線 LAN

図 4.46 有線 LAN と無線 LAN

す無線LANステーション（STA）がある．複数の無線ネットワークを区別するための識別子としてSSID（service set identifier）が使われ，APごとに設定される．APはビーコンと呼ばれるフレームを周期的に送信することで，周辺に自分が親機となっている無線ネットワークが存在していることを知らせる．これは，図4.46に示す有線LAN（Ethernet）とは異なり，無線LANの子機（STA）が親機（AP）の存在を直接確認できないためである．なお，**図4.47**に示すように，複数APを用いて同一ネットワークを構成する場合には，SSIDを拡張したESSID（extended SSID）が用いられる．ESSIDとSSIDは同義語として用いられることも多い．

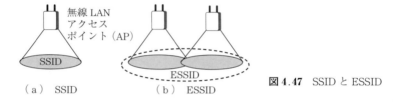

図4.47　SSIDとESSID

　空間を伝達する電波を利用するために，誰でもAPに接続でき，そこを流れる情報を取得できる可能性がある．そのため，セキュリティを確保する手段として認証と暗号化が用いられる．認証とは接続権限のあるSTAであるかAPが確認することで，接続権限がないSTAが侵入することを防ぐ．また，暗号化とは他の人が見ても解読できないように情報を加工して送信することで，盗聴を防ぐ．無線LANのセキュリティ規格には，WEP（wired equivalent privacy），WPA（Wi-Fi protected access），WPA2があり，家庭で利用されるAPには，**図4.48**に示すような設定がある．この図では，認証を行わないと記載しているが，実際には必ず認証が成功するオープン認証を行う．暗号鍵については7.3節で詳細を説明する．

　WEPでは，ストリーム暗号であるRC4（Rivest cipher 4）を利用して暗号化を行う．キーストリームと呼ばれる擬似乱数と送信メッセージを排他的論理和（XOR）で結合させて，暗号文を作成している．送信側において，パケットごとに異なるIV（initialization vector：初期化ベクトル）とAPとすべての

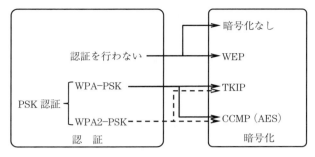

図 4.48　認証と暗号化

STA における共通鍵である WEP キーを連結させたものが，キーストリームを作成するためのシード（初期値）となる。ここで，IV を利用する理由は，シードがつねに同じであれば，キーストリームがつねに同じとなり，暗号を施していない情報（平文）が容易に推定されるからである。そのため，IV の値を変化させることが必要であり，受信側には IV の値はそのまま（平文で）伝送される。IV は 24 ビットと短く，IV は平文で送信されることが，WEP の脆弱性として指摘されている。

TKIP は，WEP を改良した方式であり，WEP で利用していたハードウェアを変更せずにアップグレードが可能な暫定的な方式である。WEP と同様に RC4 を利用して暗号化を行う。TKIP では，WEP で利用していた IV を 48 ビットに拡張し，IV の値はパケットごとに単調増加するカウンタとして利用する。PSK 認証で入力するパスフレーズと SSID からマスターキー（pre-sheared key：PSK）が生成され，STA が AP に接続するたびに，AP と STA で TK（temporal key：一時鍵）が作成される。WEP では，キーストリームを作成するためのシードは，WEP キーと IV をそのまま連結させていたが，TKIP では，送信側の MAC アドレス，IV，TK を用いて，2 段階の鍵混合により不規則性を高めている。シードは，TK を利用することで STA ごとに，IV をカウンタとして利用することでパケットごとに異なる。なお，TKIP についても脆弱性が報告されている。

WEP と TKIP では暗号化アルゴリズムとして RC4 を利用しているが，

CCMP（counter mode with CBC-MAC protocol）では，強力な暗号化アルゴリズムであるAES（advanced encryption standard）を利用している．製品によっては，CCMPではなくAESと記載されているものもある．AESはブロック暗号であり，パケットを特定の長さで区切ったブロックに対して，AESで暗号化する．CCMPにおいても，TKIPと同様にTKが作成される．AESの暗号化処理のために，送信側のMACアドレス，パケットを識別するパケット番号，TKなどが利用される．そのため，TKを利用することでSTAごとに，パケット番号を利用することでパケットごとに異なる暗号文となる．

WPAとWPA2は多少の違いはあるが，ほぼ同じである．WPA/WPA2の動作を図4.49に示す．まずAPとSTAにパスフレーズを設定し，パスフレーズとSSIDからマスタキー（PSK）が作成される．ここで，PSK認証の場合，マスタキーはすべてのSTAで同じである．APと特定のSTA間だけで利用する一時鍵（TK）を作成するためのハンドシェイクにより，APとSTAにおいて一時鍵が作成される．PSK認証という名が付いているが，PSKが同一であることについて明示的な認証や確認がない．APとSTAのハンドシェイクが成功したことをもって暗示的に認証成功としている．

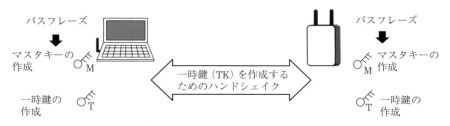

図4.49 WPA/WPA2の動作

WPAとWPA2は，IEEE802.11iのセキュリティ規格に基づくが，IEEE802.11iが規格成立までに時間を要したために，IEEEとは独立した業界団体であるWi-FiアライアンスでIEEE802.11iの規格成立前にWPAを作成し，規格成立後にWPA2を作成した，という経緯がある．そのため，WPAの必須機能がTKIP，オプション機能がAESであり，WPA2では必須機能が

AES，オプション機能が TKIP となっている．また，IEEE802.11n 以降の規格では，脆弱性の問題を回避するため，WEP および TKIP を採用していない．

4.4.2 Bluetooth

Bluetooth も無線 LAN と同様に近距離無線通信規格であり，1999 年に Bluetooth 1.0 がリリースされた．2002 年には Bluetooth 1.1 が IEEE802 委員会に提案され，IEEE802.15.1 規格として成立した．表 4.5 に Bluetooth の各バージョンと概要を示す．

表 4.5　Bluetooth の各バージョンと概要

バージョン	概要	標準化時期	Bluetooth ロゴ
1.0	最初の Bluetooth 規格．変調方式は GFSK，最大伝送速度は 1 Mbps，Bluetooth BR（basic rate），BR モードとも呼ばれる．	1999 年	Bluetooth / Bluetooth SMART READY
2.0 + EDR	PSK 変調（π/4 DQPSK（2 Mbps），8 DPSK（3 Mbps））を採用し，最大伝送速度が 3 Mbps となる EDR（enhanced data rate）モードが追加された．	2004 年	
3.0 + HS	IEEE 802.11 g を採用し，最大伝送速度が 24 Mbps となる HS（high speed）モードが追加された．	2009 年	
4.0	変調方式が GFSK，最大伝送速度は 1 Mbps である低消費電力モード（Bluetooth low energy：BLE）が追加された．	2010 年	Bluetooth SMART

バージョン 1.0 から 3.0 までは通信の高速化が図られた．すなわち，バージョン 1.0 の最大伝送速度は 1 Mbps であったが，PSK 変調による EDR（enhanced data rate）モードを採用したバージョン 2.0 では 3 Mbps，IEEE802.11g の物理層/MAC 層による HS（high speed）モードを採用したバージョン 3.0 では 24 Mbps となった．これまでは，バージョンが上がるたびに，通信速度の向上が図られていたが，バージョン 4.0 では高速化ではなく低消費電力へ方針転換し，Bluetooth low energy（BLE）が追加された．BLE は従来規格であるクラシック Bluetooth と呼ばれる規格との互換性がない．このため，クラシ

ック Bluetooth と接続できることを示す「Bluetooth」のロゴ表記に加え，BLE のみに接続できることを示す「Bluetooth SMART」，クラシック Bluetooth と BLE の双方に接続できることを示す「Bluetooth SMART READY」の 2 種類のロゴ表記が追加された．

　Bluetooth は，2.4 GHz の ISM バンドを利用し，周波数ホッピング方式により通信している．図 **4.50** に示すように，クラシック Bluetooth では，チャネル帯域幅が 1 MHz，チャネル数が 79 である．図 **4.51** に示すように，0.625 ms の周期（毎秒 1600 回）でチャネルを変更し，他の 2.4 GHz 無線機器との共存を図っている．なお，他機器との干渉を避けるため，干渉する帯域を避けて周波数ホッピングする AFH（adaptive frequency hopping）が利用されている．

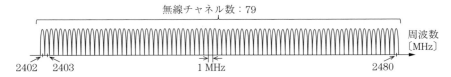

図 **4.50**　クラシック Bluetooth のチャネル

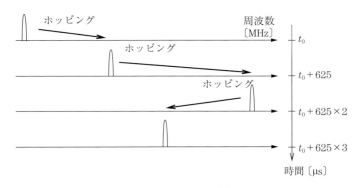

図 **4.51**　クラシック Bluetooth の周波数ホッピング

　一方，図 **4.52** に示すように，BLE では，チャネル帯域が 2 MHz，チャネル数が 40 である．このうち，アドバタイジングチャネル（3 チャネル）はデバイス検索やデバイス間の接続確立のために利用され，データチャネル（37 チ

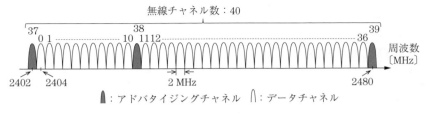

図 4.52 BLE のチャネル

ャネル）はデバイス間の接続確立後のデータ通信に利用される．データチャネルは 37 チャネル間で周波数ホッピングを行う．アドバタイジングチャネルを利用することが BLE の特徴である．BLE のブロードキャスト通信を利用した近接通知機能としては，Apple iOS に搭載された iBeacon が知られている．クラシック Bluetooth との違いは，デバイス検索に利用するチャネルがクラシック Bluetooth では全 79 チャネルをスキャンするために数秒程度かかることがあることに対し，BLE はアドバタイジングチャネルの 3 チャネルをスキャンするために検索時間を大幅に削減させることで，電力の消費を抑えている．

演 習 問 題

4.1 3G ネットワークに比べて LTE ネットワークは低遅延であることをネットワーク構成から説明せよ．

4.2 2.1 GHz および 800 MHz の電波を送信したときに，距離 1 km の地点での受信電力を等しくしたい場合，2.1 GHz と 800 MHz の送信電力の比率を求めよ．

4.3 OFDM においてマルチパスの影響を軽減する方法について述べよ．

4.4 IEEE802.11ac の最大伝送速度を求めよ．

4.5 クラシック Bluetooth に比べて BLE が省電力化した仕組みを説明せよ．

談話室

移動通信の歴史

移動通信の歴史を図に示す。通信の高速化と大容量化を目指してさまざまな取組みがなされてきた。最初の移動通信はアナログ方式の第1世代移動通信システムである。車に設置された自動車電話や，肩から提げるショルダーフォンとして利用されていた。第1世代は，FDMAによるNTT方式であった。第2世代からはディジタル方式になる。PSK変調を用いて，符号化技術により音声信号を圧縮させることで時間多重を行うTDMA-FDDに基づくPDC (personal digital cellular) 方式であった。第2世代までは，ヨーロッパ，アメリカ，日本で別々の通信方式であり，電話用途中心のシステムであった。ヨーロッパの第2世代移動通信システムは，GSM (global system for mobile communications) であり，現在でも世界中で利用されている。

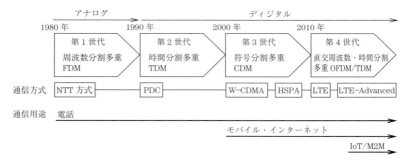

図　移動通信の歴史

第3世代は，これまで別々の通信方式を世界統一規格にしたシステムであり，2000年頃に2 GHz (2000 MHz) 帯を用いて最大2 Mbpsを目指した規格であることからIMT-2000 (International Mobile Telecommunications) と呼ばれる。IMT-2000規格の一つにW-CDMAがある。TDMAとは異なり，CDMAを用いて柔軟な可変データレート伝送を実現できるために，音声，データ，画像の通信に対応したマルチメディアサービスに適しており，モバイルインターネット向けの用途がある。パケット伝送の高速化を図るために，HSPA (high speed packet access) では，複数の拡散符号よるマルチコード化や高次の変調方式を利用している。

第4世代は，LTEやLTE advancedであり，さらなる高速化を目指しOFDMやMIMOを採用した。OFDMは遅延波よるマルチパス伝搬の影響を軽減し，高次の変調方式やMIMOによる空間多重により高速化を実現している。さらに，OFDMAにより，リソースブロック単位で移動通信端末に割当てを行うことで，周波数を柔軟に無駄なく利用することができる。LTE advancedでは，キャリアアグリゲーションにより，複数の異なる周波数帯の電波を束ねて通信を行うことで，高速化を図っている。IoT (internet of things) やM2M (machine to machine) に向けた用途があり，今後の展開が期待されている。

5 光ファイバ通信

4章では，われわれにとって身近な携帯電話やスマートフォンと最寄りの基地局との間で，電波に情報を乗せる無線通信について説明した．さらに遠方の基地局やデータベースと情報をやり取りするためには，別の手段が必要となる．そのような通信路では，多くの車が集まる多車線の高速道路のように，多くのユーザの情報が集まって流れており，桁違いに高い通信速度が必要となるのはいうまでもない．それを実現しているのが光ファイバ通信である．本章では，なぜ光ファイバが使われるのか，そしてどのようにして通信速度を高めているのかについて説明する．

5.1 通信ネットワークの役割

情報通信サービスの代表格である固定電話や携帯電話では，電話局，電信柱に張られた電線，ビルの屋上にあるアンテナなど目に見える設備があるため，通信会社のネットワークが利用されていることがよくわかる．これ以外の情報伝送サービスでも通信会社のネットワークが利用されている．例えば，テレビ放送の映像配信，銀行オンラインシステム，クレジットカード決済システム，インターネット接続サービスなどである．札幌で行われている野球の試合の映像を東京に送り，そこで編集した映像を全国の放送局に配信し，多くの視聴者が同時に試合を見ることができるのも，通信ネットワークがあるからである．

ネットワークを共同で利用する理由は，全国規模あるいは世界規模の通信ネットワークを構築するためには膨大な費用と時間が必要であり，個々のサービスが独自に構築するのは経済的に割が合わないからである．そこで多くの情報

サービスが共同でネットワークを利用して費用を分担することで，適正なコストで情報伝送が可能となる．すなわち，通信会社のネットワークは，自社の電話サービスだけでなく，多くの情報通信サービスに使われており，鉄道網や電力網と同様に，重要な社会的基盤（インフラストラクチャ，以下インフラ）になっていると考えてよい．さらに，コストだけでなく，柔軟性，迅速性も重要である．もともと電話サービスのために構築された通信ネットワークは全国をすきまなくカバーしている．例えば，銀行が新たに支店を開設する場合，近くに通信会社の局舎を容易に見いだすことができ，そこまでの回線を敷設すればよい．その銀行のデータセンタがすでに通信会社のネットワークに接続されている場合には，ただちに支店とデータセンタ間の通信を開始できる．このようにして銀行は任意の場所に支店を開設し，遅延なくネットワークを利用できるのである．

図 5.1 にさまざまなサービスで利用される通信ネットワークを示す．ネットワークはトポロジー的にはノードとリンクから構成され，ノードは通信会社の局舎，リンクは伝送路である．通信量の拡大，将来の拡張，保守や災害からの迅速な復旧のため，ノード間をつなぐリンクは，実際には複数本の伝送路から構成される．各ノードには複数のサービスを提供するための機器，例えば電話

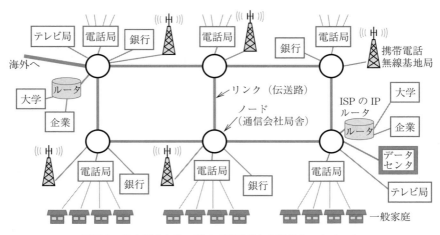

図 5.1 さまざまなサービスで利用される通信ネットワーク

交換機や ISP（インターネットサービスプロバイダ）のルータなどが接続されている。そこで多種多様のデータが集約され，伝送路を通じて目的地のノードにデータが送られる。したがって，1本の伝送路を通る情報は膨大な量になる。

1秒当りの情報伝送量は伝送速度（単位は bit/s, あるいは b/s）と呼ばれ，多数のサービスを提供するには伝送速度の速い伝送システムが必要となる。4人のユーザが，それぞれ，音楽用 CD2 枚分のデータを1秒で送ることを考えてみる。そのためには，個々のユーザに対して 10 Gbit/s の情報伝送を必要とする。したがって，4人のデータを一つのノードで取りまとめつぎのノードに送るためには，その間をつなぐリンクで 40 Gbit/s のデータ伝送速度が必要となる。なお，伝送速度は1秒間に何ビット送信ができるかという手際の速さを示す指標であり，通信に使う電波や光それ自体が進む速さとは異なるので注意が必要である。ちなみに，ガラスでできている光ファイバ中の光の伝搬速度は，ガラスの屈折率を考慮すると，2×10^8 m/s であり，空中を伝搬する電波（伝搬速度は 3×10^8 m/s）より遅い。

5.2 光ファイバ

5.2.1 通信に光を用いる理由

2章で説明したように，搬送波（電波や光）を送りたい情報で変調すると，搬送波自体の周波数だけでなくその近傍の周波数の電波や光も発生する。このときの周波数の範囲を信号帯域と呼ぶ。伝送速度を上げると変調信号の中に含まれる高い周波数成分が増加するので，信号帯域も広くなる。したがって，伝送速度を上げるためには，広い周波数範囲が必要となる。**図 5.2** は FM ラジオ，テレビ，携帯電話，および光通信で用いられる搬送波の周波数と信号帯域を表した図である。音声だけを伝えるラジオでは情報量が少なく信号帯域は 0.1 MHz 以下である。テレビは映像情報も含まれるため信号帯域が 5.6 MHz，携帯電話は 10 MHz である。ラジオではアナログ変調を用いているため正確な比較は難しいが，それでも，伝えることができる情報量が増えるにつれて信号

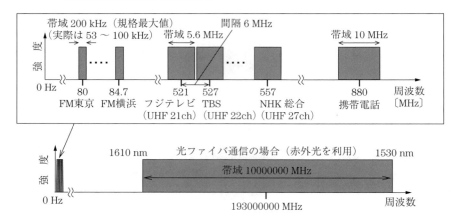

図 5.2 FM ラジオ，テレビ，携帯電話，および光通信で用いられる搬送周波数と信号帯域
（ラジオやテレビの周波数配置は地域によって異なる．図は東京の場合）

帯域が増えていることがわかるだろう．信号帯域が拡がり，隣接する別のサービスで使っている信号帯域と重なると混信が発生してしまうため，搬送波周波数の間隔は信号帯域より広くとる必要がある．

ここで，電波を用いた場合の信号帯域の最大値（すなわち最大の伝送速度）を考えてみる．混信を避けるため一つのテレビ局だけしかないと仮定すると，その局は図 5.2 で示した 80 MHz から 880 MHz までの 800 MHz の周波数領域を独占的に使うことができる．このとき，搬送波が 480 MHz，帯域 800 MHz の放送が可能となるので，理論上は一つの放送で現在の 143 倍の情報を送ることができる．しかし，さらに帯域を拡げようとすると帯域の左端が 0 Hz に達してしまうので，これ以上の大幅な伝送速度向上は理論上不可能ということになる．すなわち，伝送速度の制約は搬送波周波数が低いことに起因している．

一方，光ファイバ通信の場合，波長が 1.55 μm の赤外光を使用する．光速が波長と周波数の積であることを思い出せば，この光の周波数は 193 THz[†] であり 0 Hz からの距離が大きい．したがって，図 5.2 の下図に示すように，THz オーダの広大な周波数領域，すなわち信号帯域を使用することができる．

---

† テラヘルツ（p. 3 の脚注参照）

かりに信号帯域が 10000000 MHz（= 10 THz = 10^{13} Hz）とすると，信号帯域 800 MHz の無線と比較して 12500 倍の情報を送ることが理論上可能である。つまり，搬送波周波数が高いほど信号帯域を広くとることができるので，情報量の多い放送や通信が可能である。このように，伝送速度の観点では電波より周波数の高い光のほうが望ましいのである。

5.2.2 光ファイバの概要

光ファイバを通信に使用する以前，また，現在でも光ファイバの使えない場合や災害などによる光ファイバ断線時のバックアップのため，電波による通信が行われている。マイクロ波通信と呼ばれていて，搬送波周波数は 4〜6 GHz（長距離用），11 GHz（近距離用），15 GHz（都市内）である。周波数が高くなるにつれて電波の到達距離が短い。これは周波数の高い電磁波ほど空気中の塵や水分により散乱・吸収されやすく，遠方まで届かないためである。日常，粉じん，雨や霧で遠くが見えないことから容易に推察できるように，周波数がさらに高い光を空気中で伝搬させて長距離通信を行うことは困難である。

そこで，透明なガラスをファイバ（細い繊維）形状に加工して，その中を光が伝搬するようにしたのが光ファイバである。当初は透明度不足で長距離通信には適用困難と思われていたが，1966 年にイギリスの Standard Telecommunication Laboratories のチャールズ・カオが，純度の高い石英ガラス（SiO_2）を用いれば 100 km を超える通信が可能となることを明らかにし[1]†，それを受けて各国の研究機関・製造メーカが研究開発を進めた。化学，材料工学，光学の分野で強い競争力をもった日本がリードし，1979 年に長距離通信に使える光ファイバを実現した[2]。なお，カオはその先見性により 2009 年にノーベル物理学賞を受賞している。

図 5.3 に示すように光ファイバは非常に細く，外径は 0.125 mm である。そのため，普通は固くて曲がらないガラスでも曲げることが可能である。しか

---

† 肩付き数字は，巻末の引用・参考文献の番号を表す。

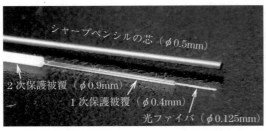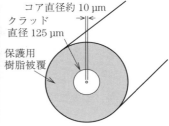

図 5.3 光ファイバの写真と断面模式図

し，1cm 以下の小さな半径で曲げると破断する可能性があり，余裕を見て曲げ半径は3cm 以上とするように決められている。ガラスの外周は保護用の樹脂コートが施されており，水分が侵入したりキズがつくのを防いでいる。

通信会社の局舎の中を除けば，光ファイバは**図 5.4**に示すように複数本をまとめてケーブルと呼ばれる形状にして，住宅地では電信柱の上，市街地では道路の下や共同溝の中，鉄道線路沿い，島や海外へは海底に敷設される。石英ガラスの密度は 2.2 g/cm³ であり，電線の材料である銅の 8.9 g/cm³ に比べると非常に軽い。また，強度も高く銅線よりも細くすることが可能である。その結果，ケーブル 1 本中には数百本の光ファイバを含めることができる。商用化されている最大のケーブルは 1000 本の光ファイバを含むが，その直径はわずか 28 mm である。したがって，一度の工事で多数の光ファイバを敷設でき，電線と比較して敷設コストが格段に低い。なお，ファイバの敷設本数は将来の需要増を見込んで決められている。図中の右の写真は電信柱に取り付けられた

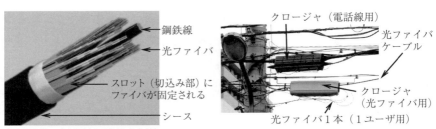

(写真提供：古河電気工業株式会社)

図 5.4 光ファイバケーブルと電信柱に張られた家庭向けファイバ

クロージャと呼ばれる装置を示す。その中でケーブルが分解され1本だけを取り出して家庭に配線される。2000年以降、ノード間をつなぐ基幹ネットワークだけでなく、一般家庭向けにも光ファイバが使用されるようになってきているので、身近に感じてほしい。

5.2.3 光ファイバ中の光の伝搬

本来は直進する光を目的地まで届けるためには、地形や道路に合わせて曲がって敷設された光ファイバの中から光が飛び出さないような仕組みが必要である。その鍵は、図5.3に示したように、ファイバの中心にあるコアと呼ばれる屈折率の高い領域の存在である。その作用を説明する準備として光の性質を二つ述べる。

一つ目は回折である。日常、回り込みと呼ばれ、電波や音が障害物の影の部分にも届く現象である。つまり、直進せず扇(おおぎ)状に波が拡がって伝搬する現象のことをいう。これは波の波長が長いほど顕著である。音の波長は、例えば440 Hzの「ラ」の音の場合は77 cm、電波の波長は、例えば2 GHzの携帯電話の電波の波長は15 cmで、いずれも長く、回折が起こりやすい。実際、物陰にいても音波や電波が届く。これに対して光の波長は1 μm前後と短いため回折が非常に小さく、日常生活において光の回折を目にする機会は少ない。しかし、それでも回折がまったく起こらないわけではない。例えば、**図5.5**(b)に示すように、小さい穴を通った光はわずかに拡がる。穴の直径が小さいほど拡がる角度は大きく、例えば直径が1 cmの穴なら0.003°程度拡がる。これは

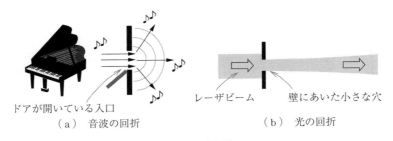

(a) 音波の回折　　　　　　　(b) 光の回折

図5.5　回折現象

1 km 進むと直径が 10 cm 程度に拡がることに相当する。

二つ目は，よく知られている屈折である。スネルの法則で屈折する角度が定まる。重要なのは曲がる向きであり，図 5.6 に示すように，屈折率 n の高い媒質の内部に向かって進路が曲がることである。例えば $n_1 < n_2$ としよう。θ_1 が 90° と，上部媒質中を境界面すれすれに光が入射したとき，θ_2 は 90° よりやや小さい角度になり，下部の媒質中に光が引き込まれるように屈折する。

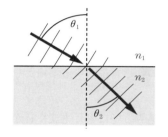

スネルの法則
$n_1 \sin\theta_1 = n_2 \sin\theta_2$

図 5.6 屈折現象とスネルの法則（$n_1 < n_2$ の場合）

つぎに図 5.7 に示すような，光ファイバを側面から見た断面を考える。ファイバの大部分はクラッドと呼ばれる外側の領域で，中心部にコアと呼ばれ屈折率がやや高い領域がある。コアの直径は 5〜10 μm 程度である。ファイバの左からコアの直径と同程度の直径のレーザビームが入射すると，伝搬するにつれて回折現象によりそのビーム直径が拡がり，光がやがてクラッドに染み出すであろう。しかし，コア近傍のクラッドを伝搬する光は屈折により屈折率が高いコアに引き込まれるので，ビーム直径がそれ以上拡がることはない。つまり，

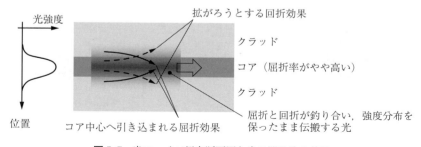

図 5.7 光ファイバ側方断面図と光の閉じ込め効果

回折によるビームが拡がる効果と屈折によるビームが狭まる効果とが釣り合い，ビームの直径は変化せず安定して伝搬することになる。図の左側に，縦軸をファイバの径方向位置座標，横軸を光の強度としたときのレーザビームの強度分布を示す。コア中心部が最もビーム強度が強く，中心から離れるに従って弱くなるが，クラッドにも少しだけ光は存在する。光ファイバがゆるやかに曲がっていても，曲率半径が1cm以上ならこの安定状態が保たれるので，光はコア内部にほぼ閉じ込められた状態で伝搬する。

なお，注意すべき点として曲げ損失がある。コアもクラッドも透明な石英ガラスでできており，光ファイバが小さな半径で曲げられていると，すなわち光が急カーブを通過しなければならない状況であると，屈折と回折の釣合いが破れる。その結果，光の一部はファイバの外部に放射してしまい，ファイバの出口に到達する光の強度は減少する。すなわち，損失が発生する。水を通さない物質でできた水道管から水が染み出ることはないが，光ファイバの場合には半径の小さな曲げ部分で損失が発生することに注意しなくてはならない。

つぎに長距離伝送時の伝搬損失について述べる。曲線部での損失が無視でき，ほぼ直線と見なせる状況でも光ファイバ中を進む光は減衰する。これを伝搬損失と呼ぶ。図5.8に光の波長と損失の関係を示す。縦軸は伝搬長1km当りの損失（デシベル値）で，太線が損失の理論値である[2]。波長が1.55μmで損失が最低値（0.2dB/km）となる。これが光ファイバ通信で波長1.55μm

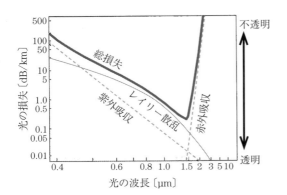

図5.8 光の波長と損失の関係
〔文献2）を参考に作成〕

の光を使用する理由である。0.2 dB/km の損失は，光が 15 km 進んだとき光のエネルギーが 3 dB 低下，つまり 1/2 に減衰することを意味する。主な損失の原因には，紫外吸収，赤外吸収，レイリー散乱がある。多くの物質がそうであるように光ファイバの主原料である石英ガラスも紫外光と赤外光を吸収する。グラフの領域外であるが，損失値が非常に高い点があり，そこから裾がこの領域に伸びてきていると理解してよい。なお，波長 0.4 μm（青色）に対する損失値は 100 dB/km ときわめて高いように見えるが，1 m 当りに換算するとわずか 0.1 dB である。これは厚さ 1 m のガラス板を光が通過するときに 97.7％ が透過する値であり，日常的には透明といってよい値である。言い換えれば，波長 1.55 μm の光に対する損失値 0.2 dB/km は想像をはるかに超える透明度であることが理解できよう。

　0.5〜1.5 μm における主な減衰の原因はレイリー散乱である。ガラスは結晶とは異なり原子の配列が不規則であり，散乱の原因となる。また，光ファイバのコアには屈折率を高めるためにゲルマニウムが数モル％程度添加されており，原子サイズのスケールでは，均質な媒質中に屈折率の異なる微小領域が多数存在しているように見なすことができ，これが散乱の原因となる。レイリー散乱は微小領域の大きさが波長に比べて十分小さい場合に起こる散乱現象であり，波長が短いほど散乱が大きくなることが知られている。したがって，波長が短い領域（可視光ならば青）で散乱が顕著になる。空が青く見えるのもこのためである。このように光ファイバの伝送損失は，主に紫外吸収，赤外吸収，レイリー散乱の三つの要因からなり，絶妙な組合せの結果，波長 1.55 μm において最小となる。他の波長に比べて一段と透明であることから，この波長領域は「1.55 μm の窓」と呼ばれる。

5.2.4　光ファイバの長所

　5.2.1〜5.2.3 項で説明したように，光ファイバ通信の長所をまとめると以下のようになる。

　① 　光ファイバの透明度が非常に高く，長距離の通信が可能である。

② 無線通信と比較して搬送波周波数が高く，信号帯域を広くとれるため，膨大な情報の伝送が可能である。
③ 光ファイバは細く軽量のため1本のケーブル中に多数収容可能であり，敷設コストが低い。

また，このほかにも，電気信号を伝える従来の電線と比較して

④ 電磁誘導の影響を受けないので高電圧の電力線との共同敷設が可能で，近接して配置されたファイバ間の混信もない。これに対して，電線の場合，近接させると電磁誘導により信号が混信することがある。
⑤ 電線とは異なり，放電や漏電による火災の心配がない。
⑥ 主材料である石英ガラスは地球上に無尽蔵に存在するので，比較的低コストで製造が可能で，枯渇する心配がない。

などの長所がある。

5.3 光ファイバ伝送システム

5.3.1 送信・受信の基本構成

4章でも説明したように，情報通信ネットワークはソフトウェアとハードウェアが一体となって構成されたものである。その中で光ファイバを用いた伝送システムは最もハードウェア寄りの部分に位置付けられる。7章で説明するネットワーク階層モデルでは，ネットワークインタフェース層，あるいは物理層と呼ばれる部分である。その役割は，きわめて単純で，「ソフトウェア側からの指示に基づき，上位層から依頼された大量の0と1の信号を運ぶ」ことである。0と1をどのように並べるかは上位層のルールで決めればよい。したがって，光ファイバ伝送システムの研究開発は0と1の信号を短時間で多量に送る技術の向上が主な目的となる。本節では，この視点に立って，光ファイバで01信号を送る方法について詳しく述べる。

図 **5.9** に，最も簡単なオンオフキーイング（on-off keying）変調[†]の場合の

[†] 2.3.2項のASKの一種である。

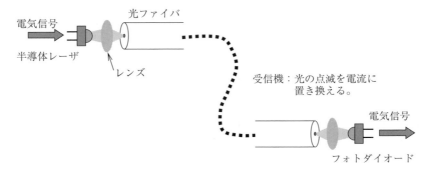

図 5.9 最も簡単なオンオフキーイング変調の場合の光ファイバ伝送システムの基本構成。なお，最新の光通信では QPSK などの高度な変調も使われている。

光ファイバ伝送システムの基本構成を示す。光ファイバが図 5.1 におけるリンクの部分であり，リンクとノードの接続点にレーザやフォトダイオードがあると考えてよい。IP ルータや電話交換機から送り出される信号は電気信号であるから，これを光信号に置き換える必要がある。普通，1，0 は電圧の高低で表され，送信機では，それに合わせて半導体レーザを点滅させる。送りたいディジタル信号が 1 のときにはレーザを点灯させ，0 のときは消灯するというルールに基づく符号化である。レーザから出射された光はレンズを介して直径 10 µm 程度の光ファイバのコアに入射され光ファイバ中を伝搬する。受信機側では，ファイバから出射された光をレンズで集光してフォトダイオードに入射させる。フォトダイオードは太陽電池と同様に光が入射されると電流が流れる半導体素子であり，光の点滅に合わせて電気信号を復元することができる。

5.3.2 発光素子と受光素子

光の発生に用いられる半導体レーザは，よく知られた pn 接合のダイオードと類似の構造をもつ 2 端子素子であり，レーザダイオード（laser diode : LD）とも呼ばれる。図 5.10 に示すように，GaAs や InP の化合物半導体基板上に

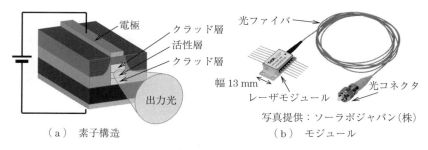

図 5.10 通信用半導体レーザの素子構造とモジュール

Al などの元素を含む層や電極層を形成した構造である。その中の活性層では，外部電源から供給された高いエネルギーをもつ電子が低いエネルギー準位に落ちるとき，その差分と等しいエネルギーが光となって放出される。活性層は光ファイバのコアと同様に屈折率が上下のクラッド層よりやや高い構造となっており，発生した光はその中に閉じ込められ，この図の前後方向に伝搬する。半導体の屈折率は約 3 程度あり，屈折率がほぼ 1 の空気との屈折率差が非常に大きいため，活性層内で発生した光は素子の端面で反射する。その結果，図 (a) の素子構造において左奥と右手前の端面間を光が往復する。電流を流している間，活性層内で光が連続的に発生するが，その光の周波数が揃っているという特徴をもっている。このような光の発生は誘導放出と呼ばれる。そのため，同一の周波数の光が徐々に累積されその強度を増し，端面間を往復している間に強力な光となり，最終的にその一部が端面から放出される。

素子の長さは数百 μm，上から見たときの発光領域の幅は 1 μm 程度である。発光に必要な電流はこの狭い領域に集中して流れるため，電源から供給されるわずかな電流で効率よく光を発生させることができる。必要な電圧は 2 V 程度であり，消費電力も低い。素子端面からの出力光はレンズを介して光ファイバに入射されるが，発光領域やファイバのコアの寸法が μm オーダであるため，高い精度で LD，レンズ，ファイバの相互の位置関係を調整したうえで，図 (b) のようなパッケージに実装される。パッケージ寸法は 13 mm × 21 mm 程度（突起部を除く箱の部分）と小さい。レーザと聞くと巨大な装置を想

像されるかもしれないが，通信用の半導体レーザは非常にコンパクトで高効率である。半導体レーザはプレゼンテーション用のレーザポインタにも応用されている。

受光素子として用いられるフォトダイオード（photo diode：PD）の構造を図 5.11 に示す。レーザと比較すると単純な構造で，p 型半導体，i 型半導体，n 型半導体の 3 層を基本とする構造である。i 型半導体とは，p 型や n 型半導体とは異なり，不純物を添加せず，抵抗が比較的高い半導体のことをいう。i 型半導体領域があるものの，基本的には pn 接合ダイオードと類似の構造となっている。外部より逆方向電圧を印加して使用するため，光が入射しなければ電流が流れることはない。光が入射すると，光のエネルギーを吸収して i 層中の電子が励起されて伝導電子となるため，これが外部電源の正電圧により引かれて，外部回路に電流が流れる。伝導電子の発生量は光の強度にほぼ比例するので，結果として光の明るさに比例した電流が流れる。受光面の大きさは直径 10 μm 程度であるので，ファイバからの出射光をレンズで絞ってフォトダイオードの受光面に当てる構造となっている。図に示すように，回路中に抵抗を入れて，電流による電圧降下を出力電圧信号として出力する。実際には抵抗のかわりに，電流変化を電圧変化に変換して増幅するトランスインピーダンスアンプと呼ばれる増幅器を用いる。なお，理解を容易にするため省略したが，実際には伝導電子だけでなく正孔も発生し電流の一部となる。発光素子と受光素子

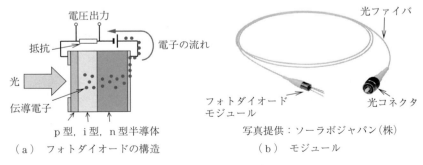

（a）フォトダイオードの構造　　　（b）モジュール

図 5.11　通信用フォトダイオードの構造とモジュール

に関しては，多くの専門書〔例えば文献3），4）〕があるので，詳細はそちらを参照されたい．

5.3.3 時分割多重

近年の光ファイバ伝送における一般的な送信機と受信機の伝送速度は，10 Gbit/s である．一方，1ユーザがやり取りする際の伝送速度は，電話の音声信号なら 64 kbit/s，家庭や大学の LAN（Ethernet 機器）なら 100 Mbit/s，あるいは 1000 Mbit/s である．もし光ファイバ1本をユーザ1人だけで使うとしたら，それは乗客を1人しか載せないで新幹線（定員1323人）を走らせるような状況であり，著しく効率が悪い．そこで，5.1節で述べたように複数の情報をまとめ，一つの伝送路を共有して使用する必要がある．共有の仕方としては，同一サービスで複数ユーザが共有する方法と，異なる複数のサービスで共有する方法がある．前者の代表例は電話の音声伝送であり，大勢の音声をまとめて一つの信号にしたのち，後者の共有（例えば，電話とインターネットの信号をまとめる）を行う．このようにして，光ファイバ伝送の能力を十分に活用できるようになる．まずは，同じ種類の信号を束ねる手法を考える．

そのために，図 5.12 に示す時分割多重（time division multiplexing : TDM）が使われる．簡単のため A～D の4人のユーザを想定し，それぞれの伝送速度が 8 bit/s だとすると，1ビットに費やす時間は 1/8 秒である．4人のユーザ

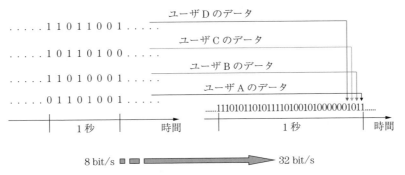

図 5.12　時分割多重の方法（4多重の場合）

の信号が同時に入力され，まず A の信号の先頭ビットの 1，以下順に，B の先頭ビット 1，C の先頭ビット 0，D の先頭ビット 1 を並べる。このとき 1 ビットに費やす時間を多重前の 1/4 の 1/32 秒とする。以降同様に，A の第 2 ビット，B の第 2 ビット，という順序でビットを並べると，最終的に 32 bit/s の信号が生成される。つまり時間を細かく分割して，4 人分の信号を一つの信号として束ねる，つまり多重化する。何番目のビットがどのユーザの情報なのかなど，データを管理するための情報を追加する必要もあるので，これほど単純ではないが，時分割多重の基本概念はこのようなものである。実際には，**図 5.13** に示すように，さらに時分割多重を何度も繰り返し，多くのユーザに対応できるように伝送速度を高めていく。通信ネットワークは電話サービスから始まった経緯があるため，電話音声の伝送速度である 64 kbit/s を基本として，図に示すような規格が使われている。規格間の増加量は基本的には 4 倍だが，ヨーロッパと北米の規格の調整などの特殊事情により 4 倍でない場合もある。一番下の規格が一般に 10 G と呼ばれ，現在広く利用されている 10 Gbit/s の伝送規格である。

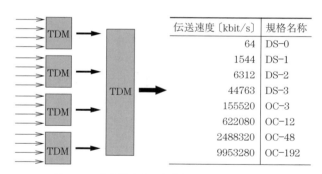

図 5.13　時分割多重の多段化と実際の伝送速度

5.3.4　短パルス化における課題

時分割多重を進めていくと，1 ビットに割り当てることができる時間がしだいに短くなる。例えば，10 Gbit/s の場合，その時間はわずか 100 ps (10^{-10}

秒）である。さらに時分割多重を進め，1ビットの時間がさらに短くなるとどのような課題が生じるか考えてみる。図 5.14 に矩形光パルスの周波数分解（上図）と高周波成分喪失による波形変化（下図）を示す。2 章で説明したフーリエ級数展開を思い出してほしい。パルスはその周期と同じ周波数の正弦波とその奇数倍の周波数の正弦波（高調波）から構成されている。

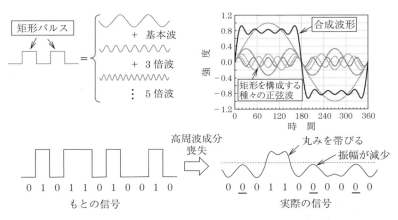

図 5.14　矩形光パルスの周波数分解（上図）と高周波成分喪失による波形変化（下図）

すべての電子部品には，動作できる周波数に上限があり，送信機や受信機の内部で用いられる電子部品も，上限を超える周波数の信号には応答しない。あるいは応答したとしても，その出力が小さくなる。したがって，先述の時間の短いパルスは増幅器などで十分に増幅されず，また，波形も丸みを帯びて歪むことになる〔下図の右〕。その結果，送信機からは 1 として送った信号が，受信機では 0 と判定されてしまう問題が発生する。図中の下線のある 0 は本来 1 であったが，破線（高さ 0.5）を下回ったため 0 と判定されてしまったものである。

この問題を解決するには，電子部品の周波数応答を改善して高い周波数でも動作するようにすればよいが，半導体素子中の電子の移動速度など原理的な上限のため，応答の改善には限界がある。パソコンの CPU のクロック周波数の向上が約 4 GHz で停滞し，現在は並列処理数（コア数）を増やすことで性能

向上を図っていることからも，動作周波数の改善は難しいことが理解できるだろう。なお，シリコンではなく InP などの化合物半導体を用いれば速度の改善は可能であるが，製造コストに課題が残る。そこで，つぎに述べる別の多重化が導入されている。

5.3.5 波長分割多重

5.3.4 項までで，時分割多重を用いて複数のデータを多重化することで，最大で 10 Gbit/s の信号を生成し，それを光ファイバで伝送できることを説明した。さらなる伝送速度の向上のために用いられる手法が，**図 5.15** に示す波長分割多重（wavelength division multiplexing：WDM）伝送システムである。

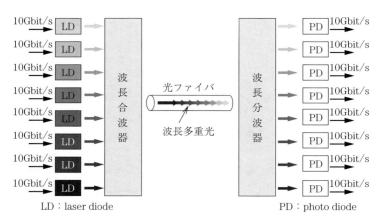

図 5.15　波長分割多重伝送システムの基本構成

レーザダイオードの発振波長が異なる複数の送信機を準備し，それぞれを別々の情報を送るのに使用して，並列伝送を行う。つまり波長の異なる複数の光を 1 本の光ファイバ中に混ぜて多重通信を行うのである。波長が異なっているので，複数の光を混合しても互いに影響することはない。受信機の前には波長分波器を置き，波長多重光を波長ごとに分離して各受信機に分配する。現在最もよく用いられている WDM システムでは，各送信/受信機は 10 Gbit/s で動作し，波長数が 80 で，総伝送速度は 10 Gbit/s × 80 = 800 Gbit/s である。

国際標準規格では,図 5.2 で示したテレビ放送における周波数配置のように,レーザ波長の配置は周波数軸上で定義されていて,WDM システムのレーザの波長の間隔が 50 GHz となるように定められている[5]。変調帯域に合わせて周波数で表現したほうが,伝送システムを設計するうえでの利便性が高いからである。周波数は光速を波長で割ったものであるから,50 GHz の間隔は,波長に換算すると約 0.0004 μm の差になる。例えば,第 1 波長が 1.531116 μm であれば,第 2 波長が 1.531507 μm,第 3 波長が 1.531898 μm の順で,第 80 波長は 1.562640 μm となる。約 0.032 μm という狭い波長範囲に,80 個の異なる波長をもった光が整列されている。そのため,このシステムは高密度波長分割多重(dense WDM あるいは DWDM)ともいわれる。

5.3.6 波長分波器

波長分割多重伝送において最も重要な部品は,混合された異なる波長の光を分離する光学素子である。これは波長分波器と呼ばれ,5.3.5 項で紹介したように,波長差がわずか 0.0004 μm の光を分離する必要があるため,通常の光学部品を用いて実現するのは困難であった。そこで,**図 5.16** に示すアレイ導波路回折格子(arrayed-waveguide grating:AWG)を用いた波長分波器が開発された[6]。

AWG は多数の光導波路から構成される多光束干渉デバイスで,分光器に用いられる回折格子と同様の作用がある。光導波路とは光ファイバと同様に石英

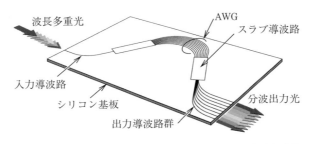

図 5.16 アレイ導波路回折格子(AWG)を用いた波長分波器

ガラスでできており，屈折率の高いコアをクラッドが囲む断面構造をもつ光の道で，LSI 製造プロセスにおける微細加工と同様のフォトリソグラフィとドライエッチング技術を用いて，シリコン基板の表面に一括形成される。大きさは数 cm 角である。ここで重要なことは，フォトリソグラフィを使用するため光導波路の位置精度がナノメートル[†]のスケールで精密に制御できること，また，LSI の配線と同じように導波路が基板上に固定されているため外部の振動などの影響を一切受けないことである。そのため，光の干渉を利用した分波動作が高精度でかつ安定して得られ，その結果として，波長差がわずか 0.0004 μm の近接した光を分離できるのである。

AWG の分波動作の原理はつぎのとおりである。入力導波路に入力された波長多重光は第一のスラブ導波路に到達する。スラブ導波路は導波路断面において水平方向が非常に広い形状を有しており，光は水平方向の閉じ込めを受けずに回折により拡がって伝搬し，AWG の入口に到達する。光は AWG を構成する数百本の光導波路に分割されてそれぞれが独立して伝搬するが，導波路の長さが異なるため出力側のスラブ導波路に到達する時間に差が生じる。この差が高分解能回折格子の役割を果たす。出力側のスラブ導波路における光の干渉の結果，波長ごとに異なる出力導波路から出力される。なお，波長分波器の入力と出力を入れ替えて逆向きに使用すると波長合波作用が得られるため，送信側にある波長合波器にも AWG が用いられている。

5.3.7 多値位相変調伝送

5.3.6 項までで，10 Gbit/s の時分割多重と 80 波長の波長分割多重を組み合わせることで，伝送速度が 800 Gbit/s の伝送システムを実現できることを説明した。このシステムは 2000 年頃から導入が始まり，現在でも広く用いられている。一方，スマートフォンの普及により通信ネットワークを流れる情報量がさらに増加しつつあり，伝送速度をさらに向上させるために 2012 年に 2 偏

[†] ナノメートル = nm。n は 10^{-9} を意味し，1 nm は 0.001 μm。

波 QPSK 変調方式が導入された[†1]。この方式では，以下の①〜③の技術を用いて 1 波長当りの伝送速度は 10 Gbit/s の 10 倍の 100 Gbit/s となっている。

① 高速動作する電子デバイスを用いて動作速度を 2.5 倍の 25 Gbaud[†2] に向上。

② QPSK 変調を採用し，一つの信号で 2 ビットの情報伝送。

③ 直交する二つの偏光を同時に使用し 2 倍の情報。

$2.5 \times 2 \times 2$ の結果 10 倍である。この 100 Gbit/s の信号を扱える送受信機を 80 波長の WDM システムに適用することで総伝送速度 8000 Gbit/s を達成している。2 章で説明したように，多値位相変調方式は，光と比べて搬送波周波数が低く帯域が十分に確保できない無線分野では古くから使われている技術であり，特に新しいものではない。例えば，電話局間を結ぶマイクロ波通信では，50 Mbaud，16 QAM 変調で伝送速度は 200 Mbit/s であった[7]。光通信で最近まで利用されなかった理由は，0 と 1 に合わせた光の点滅，すなわち強度変調だけでも 800 Gbit/s を簡単にできたので，高度な技術である多値位相変調を使う必要がなかったからである。8000 Gbit/s (8 Tbit/s) の伝送で QPSK 方式が採用されたが，今後さらなる高速化に向けて，無線分野の後を追うように QAM 変調などのさらに高度な変調方式の実用化に向けて活発に研究開発が行われている。

演 習 問 題

5.1 光ファイバを小さな曲率半径で曲げると伝搬損失が生じる理由を説明せよ。

5.2 20 Gbit/s で動作する送信機/受信機が，100 波長の波長分割多重伝送システムで用いられているとする。このシステムでは，最大で何人分の電話音声を伝送できるか計算せよ。

[†1] QPSK については 2.3.2 項を参照されたい。

[†2] baud（ボーと読む）は 1 秒間の信号の数を表し，シンボルレートの単位。シンボルレートとビットレートの違いは，2.3.2 項参照。

談話室

光通信は成長しすぎ？

レーザが発明された1960年代から光を通信に使おうという提案がなされ，その後，多くの研究者たちの努力により半導体レーザ，光ファイバが実現され，1980年代から実際の通信ネットワークに用いられるようになった。その後，さまざまな技術が導入され年々伝送速度が向上し，今日に至っている。**図**は，横軸が商用基幹ネットワークへの導入開始の年，縦軸が光ファイバ1本当りの伝送速度である。成長が早すぎるため縦軸を対数目盛にしてある。1980年代前半100 Mbit/sであったが，電子回路の高速化により時分割多重（TDM）の速度が向上し，90年代後半には10 Gbit/sに到達した。そのつぎに波長分割多重（WDM）が登場し1 Tbit/sを超え，現在では，多値位相変調を用いて100 Tbit/sの実現に向けて研究開発が進んでいる。

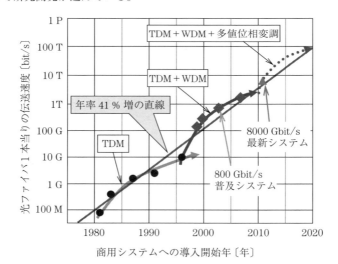

図 光ファイバ通信の技術の遷移と伝送速度

若干の凸凹を無視すると，(1980年，100 Mbit/s) と (2020年，100 Tbit/s) を通る直線が引ける。すなわち40年間で100万倍の成長である。対数グラフ上で直線であるから，伝送速度は指数関数的に成長しており，式で表すと

$$\text{伝送速度} \propto 1.413^N \quad (N \text{は年を表す})$$

となる。すなわち，毎年1.413倍，つまり年率41%増の成長を長年にわたって続けているのである。一方で，1ユーザが月々払う通信料（昔は電話代）は桁が変わるほどは変わっていないからほぼ定数と見なせ，100万倍の成長はビット単価が100万分の1に下落したのに等しい。したがって超安売りで儲からない。この分野に属する著者としては残念な話だが，世の中の役に立っているので良しとしておこう。

6

インターネット

　インターネットは，小規模なコンピュータネットワークがつながり，世界規模に発展した巨大なネットワークである．最初は電子メールやファイル送信など郵便の置き換えのような使われ方をしていた．その後，数多くのウェブサイトとつながり，音声通信やビデオ会議，さらにはソーシャルネットワーキングサービス（social networking service：SNS）など，独自のコミュニケーションツールとして進歩を遂げた．さらに今日では，スマートフォンの普及とも相まって，検索エンジン，オンラインバンキング，ネットショッピングやナビゲーションシステムなど，日常生活に欠かせない社会的基盤（インフラ）となった．本章では，インターネットの仕組みとインターネット上で実現されているサービスについて説明する．

6.1　インターネットの仕組み

　本節ではインターネットの仕組みを説明する．まず，インターネットを介してコンピュータどうしが通信をするとき，相手先の住所の役割をするIPアドレスとその使い方について説明する．つぎに，人にとってわかりやすい形でIPアドレスを表現したDNS（domain name system）について説明する．

6.1.1　IPアドレス

　インターネットには多数のコンピュータがつながっている．その中から通信相手のコンピュータを特定して正しく情報を送るには，コンピュータの住所が必要である．インターネットではIPアドレスがコンピュータの住所として使われる．

6. インターネット

〔1〕 **IPアドレスの例** IPアドレスは，つぎのような32ビットの2進数で定義される。

   00001100001000100011100001001110

普通は，上記のような2進数での表記ではなく，8ビットずつ四つの部分に分けて，それぞれを10進数で表記し，ピリオドで区切った

   12.34.56.78

のように記載することがほとんどである。このほうがはるかにわかりやすい。0.0.0.0から255.255.255.255までの2^{32}（約43億）通りのIPアドレスをつくることができる。

 コンピュータをインターネットにつなぐためには，コンピュータにIPアドレスを設定する必要がある。IPアドレスの設定は，オペレーティングシステム（OS）などのソフトウェア上で行う。基本的に，インターネットに接続しているすべてのコンピュータは異なるIPアドレスをもつように設定する必要がある。世界中のコンピュータのIPアドレスが重複しないようにするにはどのようにしたらよいのだろうか。

 そのためにはIPアドレスを一元的に管理する必要があり，1998年に設立されたアメリカの非営利団体ICANN（Internet Corporation for Assigned Names and Numbers）がその役割を担っている。ICANNは，企業や大学，プロバイダなどの各組織にIPアドレス群を重複のないように割り当てる。各組織では，割り当てられたIPアドレス群の中で，組織内の個々のコンピュータに重複がないようにIPアドレスを設定する。具体的な割当て方法をつぎに述べる。

〔2〕 **ネットワーク部とホスト部** IPアドレスは，ネットワーク部とホスト部の二つの部分から構成される。電話番号03-1122-3344でたとえるなら，ネットワーク部が市外局番03，ホスト部がそれ以降の番号1122-3344のようなイメージになる。IPアドレスの上位Nビットがネットワーク部，残りの$32-N$ビットがホスト部である。Nをプレフィックス長と呼ぶ。例えば，下記のようなIPアドレス12.34.56.78で，上位22ビットがネットワーク部の場合

($N = 22$) を考える。このとき灰色の部分の 22 ビットがネットワーク部である。

00001100 00100010 001110 00 01001110
　　　　‖　　　　　　　　　‖
　　ネットワーク部（22 ビット）　ホスト部（10 ビット）

これを 10 進数で以下のように表記することも多い。

12.34.56.78/22

スラッシュの後にプレフィックス長 N を記載することで，上位 N ビット目までがネットワーク部であることをわかりやすく示している。

各企業や大学，プロバイダなどは，他の組織とは重複しない固有のネットワーク部の番号が割り当てられる。各組織は，与えられたネットワーク番号を使って，各コンピュータに組織内で重複しないようなホスト番号を設定する。例えば，以下のような 22 ビットのネットワーク番号を与えられた組織は

00001100 00100010 001110 __ _____
　　　　‖　　　　　　　　　‖
　　ネットワーク部（22 ビット）　ホスト部（10 ビット）

組織内で 10 ビットのホスト部を自由に使うことができる。ただし，以下のようにホスト部がすべて 0 のアドレスはネットワークアドレスと呼ばれ，ネットワーク自体を示すアドレスとして使われる。

00001100 00100010 001110 00 00000000（12.34.56.0）

また，以下のようにホスト部がすべて 1 のアドレスは，ブロードキャストアドレスと呼ばれ，そのネットワークにつながっているすべてのコンピュータに情報を送るときに使われる。

00001100 00100010 001110 11 11111111（12.34.59.255）

これらの二つの IP アドレスを一般のコンピュータのアドレスとして使用することはできない。したがって，12.34.56.78/22 のネットワークは

00001100 00100010 001110 00 00000001（12.34.56.1）〜
00001100 00100010 001110 11 11111110（12.34.59.254）

の範囲でホスト番号を設定でき，1022（$2^{10}-2$）台のコンピュータをネットワークにつなぐことができる。

例題 6.1　133.12.160.0/21 のネットワークは何台のコンピュータをつなぐことができるか。また，コンピュータに設定できる IP アドレスの範囲を答えよ。

【解答】　ネットワーク部が 21 ビットなので，ホスト部は 11 ビットとなる。したがって，接続できるコンピュータの台数は 2046 台（$2^{11}-2$）台である。また，コンピュータに設定できる IP アドレスは

10000101 00001100 10100 000 00000001（133.12.160.1）〜
10000101 00001100 10100 111 11111110（133.12.167.254）

の範囲となる。　◆

〔3〕**階層的な IP アドレス**　IP アドレスは，前述のようにネットワーク部とホスト部による階層的なアドレスになっている。IP アドレスはなぜこのような設計になったのだろうか。

図 6.1 に情報がパケットになるまでの様子を示す。インターネットを流れる情報は 101110010101… のような長いビット列（ディジタル信号）である。インターネットでは，これを 10000 ビット程度の長さのパケット（小包を意味する）と呼ばれる単位に小分けして送る。郵送したい荷物が大きいとき，それを小分けにして送ることをイメージすると理解しやすい。各パケットには，情報を届けたい宛先コンピュータの IP アドレスが追加され，送信される。

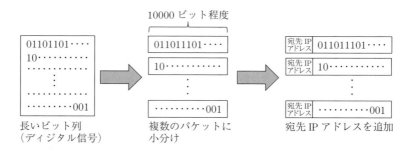

図 6.1　情報がパケットになるまでの様子

6.1 インターネットの仕組み

図 6.2 にパケットがインターネットに流れていく様子を示す。今，ある送信元コンピュータから遠くの受信先コンピュータに，長いビット列で表された情報を送ることを考える。一般に，遠隔のコンピュータ間で直接ケーブルがつながっていることはまれなので，いくつかのルータと呼ばれる情報を転送するための特別なコンピュータを経由して，バケツリレーのようにビット列が転送されていくことになる。前述のように送信元コンピュータは，送りたい情報のビット列を小分けにして，いくつかのパケットに分割する。各パケットには受信先コンピュータを示す宛先 IP アドレスが記載され，インターネットに流れる。

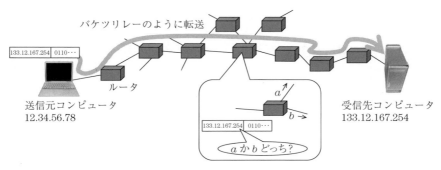

図 6.2　パケットがインターネットに流れていく様子

各ルータは送られてきたパケットの宛先 IP アドレスを参照して，適切な送信口に送り出す。ルータはどのようにして，適切な送信口を探し出すのだろうか。ルータは，**表 6.1** に示すようなルーティングテーブルを参照して，適切な送信口を探す。

表 6.1　ルーティングテーブル

IP アドレス	送信するコンピュータ
12.34.56.0/24	12.34.56.1
12.34.57.0/24	12.34.57.1
12.34.58.0/24	12.34.58.1

図 6.3 に簡単なネットワークの例を示す。ルータ A には送信口が三つあり，それぞれ別のネットワークにつながっている。このときのルータ A のルーテ

116　　6. インターネット

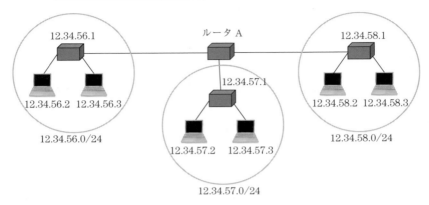

図 6.3　簡単なネットワークの例

ィングテーブルは表 6.1 のようになる。ルーティングテーブルは，宛先 IP アドレスと送信口の対応関係が記載された表である。

　ルータは，パケットを受信したときに，そのパケットに記載された宛先 IP アドレスとルーティングテーブルを参照し，つぎにどのコンピュータに送出するかを決定する。

　ここで，ルーティングテーブルの IP アドレス欄にはネットワークアドレスが記載されていることに注意する。例えば，ルータ A が，宛先 IP アドレスが 12.34.57.2 であるパケットを受信した場合，ルータはまず，その宛先 IP アドレスが属するネットワークアドレスを計算する。具体的には，プレフィックス長である上位 24 ビットが 1 であり，25 ビット目以降が 0 である

　　　11111111111111111111111100000000

というビット列と宛先 IP アドレスの論理積（AND）をとる。その結果，宛先 IP アドレスの属するネットワークアドレスは 12.34.57.0/24 であることがわかる。したがって，ルーティングテーブルを参照して，12.34.57.1 にそのパケットを送出する。

　前述のように，基本的には，ルーティングテーブルにはネットワークアドレスが記載される。これは，受信したパケットを市外局番だけを見て振り分ける

ようなイメージになる．もし，ルーティングテーブルに個々のIPアドレス（電話番号）が記載されると何が起こるのだろうか．その場合，各ルータに記載されるルーティングテーブルの行数が膨大になることは自明である．ルータは，受信した一つ一つのパケットをできるだけ高速に適切な送信口に送出する必要がある．そのためには，受信したパケットの宛先IPアドレスがルーティングテーブルのどの行に該当するかをできるだけ素早く探し出す必要がある．IPアドレスを階層的にし，ルーティングテーブルにおいてネットワーク部だけを参照することで，ルーティングテーブルの行数を1/100，1/1000，場合によっては1/10000に圧縮することができる．これにより，ルータでの処理を高速化する．これが，IPアドレスがネットワーク部とホスト部による階層的なアドレスになっていることの理由である．

〔4〕 **分散制御とベストエフォート**　インターネットには，分散制御とベストエフォートという二つの重要な設計思想がある．読者は，旅行に出かけるときにどのように切符を買うだろうか．多くの場合は，最終目的地までの経路を決めて切符を買うのが一般的である．インターネットでは，各パケットは最終目的のコンピュータまでの経路がわからないままネット上のルータを転送されていく．

例えば，JR四ツ谷駅から羽田空港に行くまでの経路を考える．

① ある人が四ツ谷駅で駅員に「羽田空港まで行きたい」と伝える．すると駅員は「中央線に乗って，東京駅まで行ってください．その先は，東京駅で聞いてください」と答える．そこで，東京駅までの切符を買って，中央線で東京駅まで行く．

② 東京駅で駅員に「羽田空港まで行きたい」と伝える．すると駅員は「山手線に乗って，浜松町駅まで行ってください．その先は，浜松町駅で聞いてください」と答える．そこで，浜松町駅までの切符を買って，山手線で浜松町駅まで行く．

③ 浜松町駅で係員に「羽田空港まで行きたい」と伝える．すると係員は「東京モノレールに乗って，羽田空港まで行ってください」と答える．そ

こで、モノレールで羽田空港に無事到着する。

このように、インターネットでは各パケットは、最終目的地までの経路ではなく、つぎに行くべき地点（ルータ）のみを知らされて転送されていくことになる。

なぜこのような転送のしかたをするのであろうか。これは、インターネットの分散制御という設計思想と深く関係している。分散制御とは、各コンピュータが自律的に判断し、ネットワークを制御することである。インターネットは分散制御で動作することでネットワークの状態に臨機応変に対応できるように動作している。分散制御の利点は二つある。

一つ目は障害に強いということである。例えば、あるルータが故障した場合、あらかじめ経路を決めないことで、臨機応変に迂回経路での転送が可能になる。このように、インターネットは分散処理を導入することで故障に強いパケットの配送を可能にしている。

二つ目の特徴は、時々刻々で変化するインターネットの混雑状況に応じて臨機応変に経路を変更できる点である。インターネットでは、一部のルータにパケットが集中する輻輳と呼ばれる状態が発生する。輻輳が発生すると、到着したパケットをルータが格納できなくなり、その結果、パケットは捨てられることになる。このような場合、パケットは自律的に別の経路に迂回することで、スムーズに配送される。

上記のように、各パケットは分散処理によりインターネット上を配送されていくため、同じ行き先のパケットでも同じ経路を通って行き先まで到着するとは限らない。これに加えて、輻輳に起因して配送が大幅に遅れたり、途中のルータで捨てられることもある。

インターネットのもう一つの設計思想は、ベストエフォートである。インターネットは、パケットがきちんと配送されるようにベストを尽くすが、すべてのパケットを正しく宛先に届けることを保証してはいない。これがベストエフォートという考え方である。これに対して、従来の郵便では間違いなく相手に手紙が届くことを前提にしている。このような考え方を採用することで、圧倒

的に低コストでのコンピュータ通信を実現したのである。なお，インターネットには，宛先まで正しくパケットを保証する TCP（transmission control protocol）という別の枠組みが導入されており，確実性の高い通信が可能である。

6.1.2　DNS

普段，われわれがインターネットを利用する場合，IP アドレスを意識することはほとんどない。そのかわりに，www.abcdefg.co.jp のような表記を見掛けることが多い。ここでは，この表記が何を意味するのか説明する。DNS（domain name system）について解説する。

〔1〕　**ホスト名とドメイン名**　　Internet Explorer や Safari などのウェブブラウザを立ち上げて www.yahoo.co.jp と入力して，エンターキーを押してみよう。画面には Yahoo! Japan のトップページが表示されるはずである。きっと，エンターキーを押す前にどのページを開くのか想像できたはずである。このように，IP アドレスよりも直感的にわかりやすいコンピュータの住所の記載方法を「ホスト名＋ドメイン名」（ホスト名プラスドメイン名）と呼ぶ。

以下に「ホスト名＋ドメイン名」の例を示す。

　　　www.abcdefg.co.jp
　　　 ‖　　　‖
　　　ホスト名　ドメイン名

アルファベットがドットでつながれたような記載になっているが，一番左のドットとそれ以外のドットでは意味が少し異なる。一番左のドットの左側がホスト名，ここでは www，その右側をドメイン名，ここでは abcdefg.co.jp，である。

ドメイン名は，そのコンピュータが置かれた組織を意味する。IP アドレスと同様にドメイン名も階層的な構造になっている。一番右の jp は国を示す。この例の場合，jp は日本を示す。ほかにも**表 6.2** のように，国ごとに表記が決められている。右から 2 番目の co は，組織の種類を示す。この例の場合，co は企業を示す。さらに表のように，政府機関，教育機関など組織の種類ご

表 6.2　DNS におけるドメイン名の例

国	組織の種類（日本）
jp → 日本 uk → イギリス ca → カナダ de → ドイツ	ac → 高等教育機関（大学など） co → 会　　社 go → 政府機関など

とに表記が決められている．右から3番目の abcdefg は，組織名を示す．したがって，この例のドメイン名 abcdefg.co.jp は，日本の企業である abcdefg 社を示す．

つぎに，一番左の www は，その組織の中で名付けられたコンピュータの名前を示す．なお，www というホスト名は慣例的にウェブサーバに名付けられるホスト名である．

このように，「ホスト名＋ドメイン名」よりインターネットにつながったコンピュータの中から，1台のコンピュータを特定することができる．つまり，IP アドレスと一対一に対応する記載方法である．

例題 6.2　www.google.com のホスト名とドメイン名はそれぞれ何か答えよ．

【解答】ホスト名は www，ドメイン名は google.com である．アメリカの企業である Google 社（以下，Google）の中の www というコンピュータを示す．この場合，一番右に com が来ており，アメリカという国がどこにも記載されていないことに注意する．つまり，com という表記のみでアメリカの企業を示す．これは歴史的理由により，国が記載されていない場合はアメリカを示すことになっている．ただし，その後 com や net はアメリカの企業でなくても取得できるようになった．これを汎用ドメインと呼ぶ．　　　　　　　　　　　　　　　　　　　　　　　　◆

〔2〕**DNS の例**　　IP アドレスと「ホスト名＋ドメイン名」が一対一に対応することは説明した．DNS は，IP アドレスと「ホスト名＋ドメイン名」の対応を管理するシステムである．コンピュータは，遠隔のコンピュータに情報を送る場合，宛先 IP アドレスが必要になる．したがって，ウェブブラウザに www.abcdefg.co.jp のように「ホスト名＋ドメイン名」を記載した場合，そ

れに対応するIPアドレスを調べる必要がある．これをDNSによる名前解決と呼ぶ．DNSは，「ホスト名＋ドメイン名」に対するIPアドレスの対応関係を教えてくれるサービスである．DNSサーバはインターネットにおける電話帳のようなイメージである．

　世界中のコンピュータからの名前解決の問合せにどのように対応しているのだろうか．世界で1台DNSサーバを設置して，そのサーバがすべての問合せに回答するのは不可能である．実際には，世界中の問合せにスムーズに回答するために，数多くのDNSサーバが設置されている．

　図**6.4**にDNSの概念図を示す．一般に，各組織ではDNSサーバと呼ばれるコンピュータを設置しており，接続したコンピュータからの問合せに答えるようになっている．例えば，NTT docomoと契約したスマートフォンの場合，NTT docomoが設置したDNSサーバに問合せをし，また，ABC大学に接続したコンピュータの場合，ABC大学が設置したDNSサーバに問合せをするという具合である．

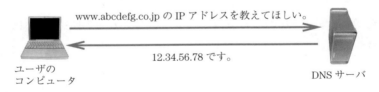

図6.4　DNSの概念図

ここで，各DNSサーバがどのようにして，「ホスト名＋ドメイン名」からIPアドレスを探し出すかを考える．単純に考えて，それぞれの組織に設置したDNSサーバが世界中のコンピュータのIPアドレスの情報をもつことは難しく，また，もしもすべての情報をもったとしても，コンピュータからの問合せのたびに膨大な対応表の中から対応するIPアドレスを探し出すのは現実的ではない．それでは，DNSサーバはどのような仕組みで動いているのだろうか．

　図**6.5**にDNSの階層構造を示す．各ドメインにはDNSサーバが設置されている．国ドメインのさらに上位にはrootドメインが設置されている．各ド

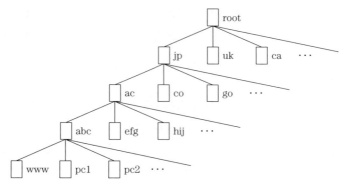

図 6.5　DNS の階層構造

メインの DNS サーバは以下の三つの情報を管理する。

① root ドメインに設置された DNS サーバの IP アドレス。

② 自身の一つ下の階層の各ドメインに設置された DNS サーバの IP アドレス。

③ 自身の組織内のすべてのコンピュータの IP アドレス。

例えば，jp ドメインの下の ac ドメインに設置された DNS サーバは，以下の情報をもつ。

① root サーバに設置された DNS サーバの IP アドレス。

② abc，efg，hij のような自身の 1 階層下の各ドメインに設置された DNS サーバの IP アドレス。

③ host1，host2 のように，自身の組織内に接続されたすべてのコンピュータの IP アドレス。

図 6.6 に DNS による名前解決の例を示す。ここでは，www.abc.ac.jp の IP アドレスを知る手順について考える。

① コンピュータは，まず最寄りの DNS サーバに「www.abc.ac.jp の IP アドレスを教えてほしい」と問い合わせる。

② 最寄りの DNS サーバは，この「ホスト名＋ドメイン名」に対応する IP アドレス情報をもっていないため，root ドメインの DNS サーバに

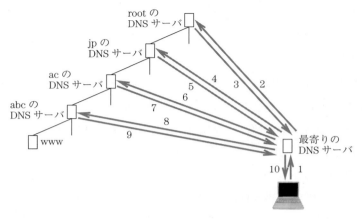

図 6.6 DNS による名前解決の例

「www.abc.ac.jp の IP アドレスを教えてほしい」と問い合わせる。

③ root ドメインの DNS サーバは，この「ホスト名＋ドメイン名」に対応する IP アドレスの情報をもっていないが，jp ドメインの DNS サーバの情報はもっている。そこで，最寄りの DNS サーバに「jp ドメインの DNS サーバの IP アドレスを教えるから，そちらに問い合わせてください」と返答する。

④ 最寄りの DNS サーバは，jp ドメインの DNS サーバに「www.abc.ac.jp の IP アドレスを教えてほしい」と問い合わせる。

⑤ jp ドメインの DNS サーバは，この「ホスト名＋ドメイン名」に対応する IP アドレスの情報をもっていないが，ac ドメインの DNS サーバの情報はもっている。そこで，最寄りの DNS サーバに「ac ドメインの DNS サーバの IP アドレスを教えるから，そちらに問い合わせてください」と返答する。

⑥ 最寄りの DNS サーバは，ac ドメインの DNS サーバに「www.abc.ac.jp の IP アドレスを教えてほしい」と問い合わせる。

⑦ ac ドメインの DNS サーバは，このホスト名＋ドメイン名に対応する IP アドレスの情報をもっていないが，abc ドメインの DNS サーバの情報

はもっている。そこで，最寄りの DNS サーバに「abc ドメインの DNS サーバの IP アドレスを教えるから，そちらに問い合わせてください」と返答する。

⑧　最寄りの DNS サーバは，abc ドメインの DNS サーバに「www.abc.ac.jp の IP アドレスを教えてほしい」と問い合わせる。

⑨　abc ドメインの DNS サーバは，ホスト名 www の IP アドレスをもっているため，その IP アドレスを最寄りの DNS サーバに回答する。

⑩　最寄りの DNS サーバは，入手した IP アドレスを通知する。

このようにして，DNS はたらい回しのような方法で名前解決を行う。各 DNS サーバが管理する情報を少なくすることで，検索にかかる時間を短縮している。しかしよく考えてみると，このような名前解決の方法では，毎回最初に root ドメインに問合せがなされるため，root ドメインのように上の階層の DNS サーバには多大な負荷がかかることになる。そこで，各 DNS サーバは，問合せにより取得した情報を一時的に保存しておく（キャッシュするともいう）。例えば，先の名前解決の後に www.efg.ac.jp の問合せがあった場合，最寄りの DNS サーバは，最初に root ドメインではなく，ac ドメインに問合せる。これにより，上位の階層の DNS サーバの負担を大幅に軽減できる。

6.2　インターネット上のサービス

ここでは，インターネット上で実現される各種サービスについて説明する。

6.2.1　検索サービス

Google は 1998 年にアメリカで設立されたインターネット企業であり，主に検索サービスを提供している。2015 年 10 月には持ち株会社 Alphabet 社の傘下の企業となった。ここでは，Google の検索サービスの仕組みとその収益構造について説明する。

〔1〕　検索サービスの仕組み　　Google のウェブサイトには「Google の使

6.2 インターネット上のサービス   125

命は，世界中の情報を整理し，世界中の人々がアクセスできて使えるようにすることです。」と記載されている。

1990年代に登場したウェブ技術が今日では世界的に普及し，インターネット上に多数のウェブサイトが設置されるようになった。ウェブ技術とは，ウェブサーバと呼ばれる不特定多数のユーザがアクセスできるコンピュータにHTML（hyper text transfer protocol）などのファイルを置くことで，個人でも情報発信を可能とする技術である。ウェブ技術の登場により，個人間のファイルやメールのやり取りといった，従来の郵便を置き換えるような情報交換にとどまらず，不特定多数の人への情報発信までも可能になり，世の中に革新的な変化をもたらした。しかし一方で，乱立するウェブサイトの中から，ユーザは自分の欲しい情報がどこにあるのか探し出すことが困難な状況になった。

検索サービスとは，ユーザが検索フォームに入力したキーワードに関連したウェブサイトを探し出すサービスである。Yahoo!は1995年に検索サービスを世界ではじめて商用化した会社である。Yahoo!が提供した検索サービスはディレクトリ型と呼ばれるものだった。ディレクトリ型検索サービスとは，ジャンルなどに基づきツリー構造のように，ウェブサイトを人手により階層的に分類・登録し，ユーザにわかりやすいように整理したサービスである。Yahoo!はそれをウェブメールなどの各種サービスと統合し，ポータルサイトへと発展させた。ポータルサイトとは，ユーザがまず最初に訪れるべきウェブサイトであり，各種ウェブサービスへの入口となるものである。しかし，ウェブサイトの数が爆発的に増大する中で，人が介在するディレクトリ型の検索サービスには限界があった。

Yahoo!の登場とほぼ同時期に，もう一つの検索サービスの実現方法として，ロボット型の検索エンジンが，スタンフォード大学に在学中だったセルゲイ・ブリンとラリー・ペイジ（のちにGoogleを創業）により開発された。ロボット型の検索エンジンは，ウェブサイトの情報の収集，データベース化，検索要求への対応をすべてソフトウェアが行うものであり，人が介在しない検索サービスである。このため，拡大するウェブサイトに柔軟に対応できる。今日で

は，Googleの検索サービスは世界で90％近い検索サービスのシェアを占めており，もはやわれわれの生活に欠かせないサービスとなっている。

Googleの検索エンジンは大きく分けて二つの要素から成り立っている。一つはクローラ，もう一つはページランクアルゴリズムである。

クローラは，自動的にインターネットを巡回し，新しいウェブサイトや更新されたウェブサイトの情報を収集し，データベースに追加するソフトウェアである。Googleは多数のサーバを設置したデータセンタと呼ばれる巨大な設備を管理運営し，そこにクローラが収集した情報を蓄積している。

ページランクアルゴリズムは，検索のためにユーザが入力した検索ワードに対して，どのウェブサイトがより多くのユーザの求めるものかを定量的に評価するアルゴリズムの一つである。ページランクアルゴリズムの詳細は非公開であるが，基本的な仕組みは公開されている。

ページランクアルゴリズムの仕組みは以下の二つの考え方に基づいている。

① 他のウェブサイトからのリンクが多いウェブサイトの価値は高い。
② 一つのサイトから他ウェブサイトへのリンクが多い場合，一つひとつのリンクの価値は低い。

上記の二つの考え方により，特定のウェブサイトの価値が不当に重く扱われたり，検索結果が不正に操作されないように配慮がなされている。

〔2〕 **Googleの収益構造**　Googleの2015年第3四半期の売上高は187億ドルであった。Googleは前述のように，主に検索サービスを提供する会社だが，読者はGoogleにお金を払ってサービスを受けたことがあるだろうか。検索サービスやGmailといったサービスは基本的に無料で利用することができる。Googleはユーザからではなく，主に広告主からの広告収入により利益を得ている。具体的には，売上高の90％以上が広告収入である。Googleが提供する主な広告サービスはAdWordsとAdSenseの二つである。

AdWordsは，検索ワード連動型広告サービスである。広告主は例えば「ラーメン屋 新宿」のように検索されるキーワードの組合せをあらかじめ指定する。広告主は，指定した検索ワードがユーザから入力されたときに，Google

の検索結果画面に広告を表示させるために広告費を Google に支払う。ただし，広告費は，ユーザにより広告がクリックされウェブサイトが訪問されたときのみ発生する。したがって，広告費はクリック単価にクリック回数を掛けたものになる。

図 6.7 に AdWords の広告の表示例を示す。広告は検索結果画面の上もしくは右に表示され，検索結果と明確に区別されている。複数の広告主が同じ検索ワードで広告を出した場合，どの位置にどの広告主の広告が配置されるかは，オークション，および広告とウェブサイトの質で決定される。広告主はあらかじめ，広告が 1 クリックされたときのクリック単価の上限を設定する。そして，その検索ワードが入力されるたびに広告とウェブサイトの質を勘案した計算が自動的になされ，広告の配置位置が決まる。

AdWords は，ユーザの立場に立つと，自分が興味あることがらに関する広告が表示されるため，利便性が高い。また，広告主の立場に立つと，ターゲットを絞ってピンポイントで広告を打つことができるため，広告の費用対効果が高い。AdWords は，スマートフォンからのモバイル検索にも対応している。また，タイミングと地域を限定した広告の設定も可能である。AdWords は Google の売上げの約 7 割を占めており，Google にとって重要な収益源である。

一方，AdSense は，個人ブログなどのウェブサイト運営者が広告スペース

図 6.7　AdWords の広告の表示例

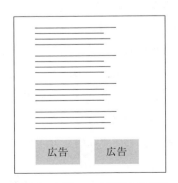

図 6.8　AdSense の広告の表示例

をGoogleに提供し，そのスペースに適切な広告主からの広告を表示するものである．クリックのたびに，広告主から広告を設置したウェブサイトの運営者とGoogleに，広告費が支払われるという仕組みである．Googleは検索エンジンで培った解析技術をウェブページの解析に活用している．

図6.8にAdSenseの表示画面例を示す．広告は，サイト運営者が指定した場所に表示される．広告には，「Ads by Google」のように広告であることが明記される．ウェブサイトの内容に沿った広告が表示されることで，サイト訪問者が広告をクリックする可能性が高まる．これにより，広告主にとって，効率のよい広告を出すことが可能になる．さらには，サイト運営者にとっては，広告収入が得られる．AdSenseはGoogleの売上げの2割程度を占めている．

6.2.2 コミュニケーションツール

インターネットにおいて，電子メールから始まったコミュニケーションツールは，今や音声通話およびビデオ会議，オンラインチャット[†]にまで発展している．ここでは，SkypeとLINEについて触れる．

〔1〕**Skype**　Skypeはピアトゥピア（P2P）技術を活用したインターネット電話サービスで，2003年に始まり，2011年にMicrosoft社（以下，Microsoft）に買収された．P2P技術とは，サービスを提供する特定のサーバが存在せず，ユーザのコンピュータ間で直接やり取りするサービス形態をいう．

図6.9にP2P型サービスとクライアントサーバ（CS）型サービスの概念図を示す．CS型では，サービスを提供する企業などがサービスを提供するサーバと呼ばれるコンピュータを設置し，ユーザはサーバにアクセスすることでサービスを受ける．それに対し，P2P型では，基本的にサーバは存在せず，各ユーザ間でやり取りする．P2P型の利点は，サーバなどの一部のコンピュータに大きな負荷がかからない点である．SkypeはP2P型の利点を活用し，暗号化通信，ビデオ通信や複数人によるビデオ会議を実現し，世界中のユーザに

[†] インターネットを使って文字で会話するようにやり取りを行うサービス．

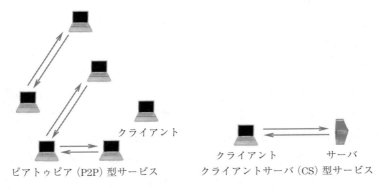

図 6.9 P2P 型サービスとクライアントサーバ (CS) 型サービスの概念図

広く普及している。

〔2〕 **LINE** LINE は，スマートフォンでのコミュニケーションのためのアプリケーションで，2011 年にサービスが始まった。主に，メッセージのやり取りを提供している。LINE の特長は，以下のとおりである。

① 即時性の高いコミュニケーションが可能
② グループでのやりとり取りが手軽にできる
③ スタンプの面白さ
④ 友達登録の簡単さ

LINE は，上記のように電子メールよりも気軽なスマートフォンでのメッセージ交換を実現し，幅広い世代のコミュニケーションツールに成長した。現在では，音声チャットやゲームなどのさまざまなサービスを開始している。海外ユーザも増加している。LINE も Skype と同様に P2P 型で動作する。LINE は，主にスタンプの販売およびゲームにより収益を上げている。

6.2.3 ソーシャルネットワーキングサービス

ソーシャルネットワーキングサービス (SNS) は，人と人とのつながりを促進・活性化する広い意味でのコミュニケーションサービスである。もともとは

ブログや電子掲示板から発展した。ここでは，Facebookとツイッターについて触れる。

〔1〕**Facebook**　Facebookは2004年に始まった代表的なSNSである。世界中でのユーザ数は10億人以上である。ユーザは実名での登録が義務付けられており，友達関係になるには，申請および承認のプロセスを踏む必要がある。ユーザは，日頃の出来事などの記事を書くと，それを読んだ「友達」からコメントや「いいね！」といったリアクションを得る。「友達」とのやり取りを通じて，離れた人とも情報交換ができる。Facebook上でやり取りされる情報は，基本的にFacebookに参加している人以外からは見えない。「友達」どうしのクローズドなやり取りが実現されている。Facebookはユーザの書き込みや属性情報に基づいて表示される広告により，収益をあげている。

〔2〕**ツイッター**　ツイッター（Twitter）は2006年に始まったサービスである。マイクロブログともいわれ，140文字に制限されたつぶやき（ツイート）を投稿する。ツイッターは基本的にはオープンなサービスであり，面白いつぶやきはリツイートと呼ばれる他ユーザによる転送によりインターネット上に拡散する。ツイッターの普及は，スマートフォンの普及と時期を同じくしており，そのときに見たものや思ったことなどを気軽に投稿するという形態が爆発的な普及につながった。ユーザ数は2億人以上であり，そのうちモバイルユーザが80％を超えているのが大きな特徴である。

6.2.4　インターネットショッピング

Amazon.comは，1994年創業のAmazon.com社（以下，Amazon）が運営する世界最大のインターネットショッピングサイトである。もともとは書籍のみを扱っていたが，現在では多種多様な商品を販売している。AmazonはIT技術を活用し高度に効率化した流通システムを構築することで，迅速な配達と幅広い品揃えを実現した。

Amazon.comの幅広い品揃えは，ロングテールというキーワードで表現される。図**6**.**10**にロングテールのイメージを示す。図で，横軸は商品（販売数

図 6.10 ロングテールのイメージ

順），縦軸は販売数を示す．商品を販売数順に並べると，その販売数は指数関数的に減少し，その後，減少はなだらかになる．その様子はあたかも恐竜のしっぽのような形になる．上位 2 割の商品が全体の 8 割の売上げを占めるので 82（はちに）の法則ともいう．実店舗では，陳列スペースの関係で販売数の少ない商品を扱うことは難しい．それに対し，Amazon.com などのインターネットショップでは，1 年に 1 個しか売れないような商品を多数在庫することも可能で，幅広い品揃えを実現した．実際，それらを集めると意外と大きな売上高になることもわかっている．

また，Amazon.com は，過去の購入データに基づくデータ解析を行い，個々の顧客に合った推薦（レコメンデーション）を実現しているのも大きな特徴である．さらに，Amazon.com は 2012 年にロボット関連のベンチャー企業を買収し，流通のさらなる効率化に向けて，広大な倉庫内での商品のピックアップに全自動ロボットの活用を開始している．また，配送の高速化を目指して，ドローン[†]を使った配送の実験も行っている．

6.2.5 動画配信

シスコ社（シスコシステムズ社）の 2015 年の調査によると，インターネット上に流れる情報量のうち，動画サービスが占める割合は年々増大しており，2019 年には全体の 8 割を占めると予想されている．YouTube 社は最大の動画共有および配信サービス企業で，2005 年に設立され，2006 年に Google に買収された．ユーザが手軽に動画をアップロードしたり，レコード会社と提携して

---

† ドローン：自律的に飛行する小型のマルチコプター．

ミュージックビデオを再生したりするサービスの普及は，既存のテレビ放送事業を脅かす存在になりつつある．

演 習 問 題

6.1 普段，コンピュータをインターネットに接続する際に，そのコンピュータのIPアドレスの設定を意識して行うことはほとんどない．自動的にIPアドレスを設定してくれるDHCP（dynamic host configuration protocol）について調べよ．

6.2 コンピュータに設定されたIPアドレスを確認するにはどうすればよいか調べよ．

6.3 宛先まで正しくパケットを保証するために導入されている枠組みであるTCP（transmission control protocol）について調べよ．

6.4 コマンドnslookupについて調べよ．
実際に，コマンドプロンプトでnslookup www.yahoo.co.jp を実行してみよ（Mac[†]の場合，ターミナルで実行）．また，これ以外の「ホスト名＋ドメイン名」にこのコマンドを適用し，出力を調べてみよ．

6.5 Googleはインターネット検索サービス以外にも多数の事業を模索している．最近の試みを調べよ．

6.6 本章で触れたインターネット関連企業以外で，どのような取組みがなされているか調べよ．さらに，日本国内の取組みについて調べよ．

[†] Apple社のコンピュータ．

7 誤り訂正と暗号

　ディジタル通信では，送信データ中のわずか1ビットでも誤って受信されると，情報全体の価値や信頼性が大きく損なわれることがある．このような問題を解決するため，今日のディジタル通信では伝送路上で生じた誤りを訂正するさまざまな技術が用いられている．また，個人情報や機密情報が大量にやり取りされる今日の情報通信ネットワークでは，情報を安全に伝送するためのセキュリティ技術が不可欠である．本章では，情報通信ネットワークにおける誤り制御と情報セキュリティの技術の概要について解説する．

　なお，読者の理解を容易にするため，一般の情報通信ネットワークにおける誤り制御や暗号化に関する理論的な説明は最小限にとどめることとし，インターネット上で実装されている具体的な誤り制御方式やセキュリティ技術の基本的な考え方を中心に紹介する．誤り訂正符号や暗号の理論の詳細について興味のある読者は，巻末にあげる引用・参考文献を参照してほしい．

7.1 通信プロトコル

7.1.1 通信プロトコルの必要性

　われわれの普段の会話は，さまざまな約束事のもとに成り立っている．例えば，共通の言語を使用することや，言葉の定義や概念に対する理解を共有すること，会話の開始時には相手への呼び掛けから始めることなどが，基本的な約束事としてあげられる．これらの約束事の多くは，会話の中で明確に意識されることはないが，スムーズな会話が成り立ち，正確な意思疎通を図るうえで欠かせないものである．

　図7.1に示すように，パーソナルコンピュータ（以下，パソコン）や携帯電

134　　　7. 誤り訂正と暗号

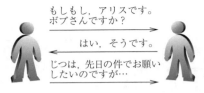
（a）電話における会話のプロトコル

（b）情報通信機器間の通信プロトコル

図 7.1　会話のプロトコルと通信のプロトコル

話などの通信機器の間でデータの送受信を行う際にも，人どうしの会話における約束事と同様に，さまざまな規約が必要である．通信機器の間で必要な規約を通信プロトコル，もしくは単にプロトコルと呼ぶ．

プロトコルには二つの規約がある．人どうしの会話における「言語」や「言葉の定義」などに相当する，送受信データの形式に関する規約と，人間どうしの会話における「呼び掛け」や「相づち」などに相当するデータ送受信の手順に関する規約である．前者は，送信データの種類や宛先に関する情報，あるいはデータ自体が，送信メッセージ全体の中のどの場所にどのように置かれているかを定めている．一方，後者は，通信の開始・終了の手順やデータの送信の順序，受信時の手順，通信エラーやパケット消失への対処方法などを定めている．パソコンとスマートフォンとの間のように，メーカや機能が異なる通信機器間であっても，同一のプロトコルに従うことによってスムーズなデータ通信が可能となる．

7.1.2　プロトコルの階層化

〔1〕**郵便の例**　　郵便の配達システムも，差出人から受取人への情報伝送システムであると考えることができる．以下では，郵便によって手紙を送る例を用いて，プロトコルとその階層化の意義を考える．**図 7.2** に郵便配達におけるプロトコルの階層化を示す．図では，郵便のシステムを，ユーザ，郵便局，運送業者の三つの階層に分割している．各層の役割は以下のとおりである．

ユーザーの層：手紙の差出人と受取人が，互いに使用する言語を決めること

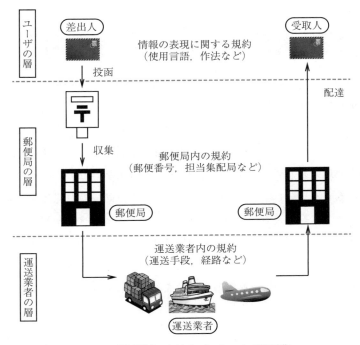

図 7.2 郵便配達におけるプロトコルの階層化

や，頭語と結語の対応，時候の挨拶といった一般的な作法に基づき手紙をやり取りすることで，意思疎通が可能になる．

郵便局の層：各郵便局は，ポストに投函された手紙を回収し，郵便番号に従って配達担当郵便局ごとに郵便物をまとめ，さらに運送業者に運送を依頼する．また，配達担当郵便局は，運送業者から受け取った郵便物を担当地区の各家庭に配達する．ここでは，各郵便局に対する郵便物の回収・配達地区の割当てや郵便番号の設定など，郵便局内で定められた規約に従って業務を行う．

運送業者の層：自動車・船舶・航空機の各輸送機関を利用する運送業者が，郵便局から受け取った郵便物を配達担当郵便局へ送り届ける．輸送機関の選択やドライバの割当て，高速道路・一般道路の選択などは，運送業者が社内の規約に従って決定する．

上で取り上げた郵便配達の例から，プロトコルを階層化することには以下の

ようなメリットがあることがわかる。

① 各層は他層のプロトコルの詳細を知ることなしに各層のタスクを実行できる。
② 隣接する層間のインタフェースに変更がなければ，各層のプロトコルを変更しても他の層はその影響を受けない。

①については，例えばわれわれは，投函した手紙がどのような経路や手段によって受取人の住む地域を担当する郵便局まで届けられるか，すなわち，郵便局の層や運送業者の層における規約を知っている必要はない。ユーザが留意しなければならないのは，「郵便番号と宛先住所を封筒に書いて必要な額の切手を貼りポストに投函する」という，郵便局の層とのインタフェースの部分（受取人に届けるために，差出人から郵便局に知らせる必要がある情報）だけである。また，郵便局の職員は，回収された手紙の言語や運送業者のトラックが通るルートについては一切気を配る必要はなく，単に宛先ごとに分類して運送業者に輸送を任せればよい。

②については，郵便局の統廃合などで回収・配達郵便局が変わったり，陸上輸送が海上輸送に変更されたりしても，郵便番号や住所などインタフェースに変更がない限り，それらの変更が他の層に影響を与えないことから理解される。

〔2〕 **インターネットにおけるパケットの配送**　郵便の配達システムの例で，さまざまな規約（プロトコル）が階層化されている様子を見た。これと同様に，代表的な情報通信ネットワークであるインターネットにおいても，そのプロトコルは上位層から順に，アプリケーション層，トランスポート層，インターネット層，およびネットワークインタフェース層の四つの層に分けられる。また，各層にそれぞれ固有の規約が存在する。インターネットにおけるプロトコルの階層構造を図**7.3**に示す。各層の主な役割と，各層に属する代表的なプロトコルを以下で説明する。

アプリケーション層：ユーザが利用するインターネットアプリケーションに対応するプロトコルが含まれる。これらのプロトコルでは，個々のアプリケー

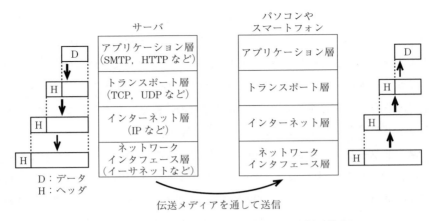

図7.3 インターネットにおけるプロトコルの階層構造

ションの間でやり取りされる文字コードや画像の形式といったデータの表現形式，データのやり取りの手順などを定めている．アプリケーション固有の形式に変換されたデータはトランスポート層に渡される．

代表的なプロトコルとして，メールの送信に使用される SMTP（simple mail transfer protocol）や，web ページの表示に用いられる HTTP（hypertext transfer protocol）などがある．

トランスポート層：通信を行うアプリケーション間でのデータ伝送を実現するプロトコルが含まれる．また，7.2.1項で説明するように，伝送路で生じたエラーやパケットの消失を検出して回復する機能を備えたプロトコルもある．これらの機能を実現するための情報を，ヘッダと呼ばれる形式にしてアプリケーション層から受け取ったデータに付加し，さらにインターネット層に渡すのが，トランスポート層の役割である．

トランスポート層のプロトコルとして，パケットの伝送順序の管理や消失パケットの回復などを行いながら信頼性の高いデータ伝送を実現する TCP（transmission control protocol）と，これらの特別な制御を行わずに高速なデータ伝送を行う UDP（user datagram protocol）などがある．

インターネット層：複数のネットワークを相互に接続したインターネットに

おいて，パケット交換によりホスト間のデータ伝送を行うプロトコルが含まれる。IP アドレスやパケットの構成を定めた IP（internet protocol）と，パケットを宛先に届けるための経路選択を提供するプロトコルなどからなる。

インターネット層におけるこれらのプロトコルでは，トランスポート層から受け取ったデータに対して IP アドレスなどの情報をヘッダとして付加し，パケットとしてネットワークインタフェース層に渡す。

ネットワークインタフェース層：有線 LAN（Ethernet：イーサネット）や無線 LAN などにより構成された同一のネットワークおいて，ネットワーク機器間の通信を実現するためのプロトコルが含まれる。ネットワーク機器の物理的・電気的な仕様のほか，通信回線へのビット列の送出や誤り訂正の手順などについても定められている。

インターネット層から受け取ったパケットにこれらの情報を付加したフレームを，伝送メディアを通じて受信側に送信する。

〔3〕 **階層化の意義**　　上で説明したように，コンピュータで通信を行うアプリケーションを起動すると，送信データをプロトコル階層の上位から下位へと受け渡していく。上位層から引き渡されたデータには上位層で必要な制御情報が含まれるが，データを受け取った層ではその全体をデータとして取り扱い，自分自身の制御情報をヘッダとしてそのデータに付加して，さらに下位層に引き渡す。

最も下位のネットワークインタフェース層に達したデータは，LAN ケーブルなどの伝送メディアを通じて宛先に送られる。受信側では下位層から上位層へと送信時とは逆の手順でデータを受け渡し，最終的には受信側のアプリケーションで受信データが復元される。このように，機器間で伝送されるデータは，上位層のヘッダとデータを下位層ではデータに見立て，それにヘッダを付加することを順に繰り返した入れ子状態になっている。

プロトコルの階層化においては，ある層の受け持つ機能が他層と独立で重複がないようにすることが重要である。これにより，アプリケーションや通信機器の開発者は，それらが動作する層のプロトコルと，隣接する上位および下位層の

プロトコルとのインタフェースのみに注意して開発を行うことができる。また，技術の進歩に伴って，ある層のプロトコルをより高性能なものに変更しても，他の層への影響を最小限にとどめることができる。その結果，新たなネットワーク技術を容易に導入でき，拡張性・発展性のあるネットワークが実現できる。

7.2 通信の信頼性向上と符号化

7.2.1 パケットエラーの補償

〔1〕 **エラーと消失の検出**　ネットワーク上での回線トラブルやルータへの過負荷などによって，パケット内のビットが0から1（あるいはその逆）に反転したり，パケットそのものが消失したりすることがある。インターネットにおけるデータ伝送を確実なものとするためには，このようなパケットのエラーや消失を検出して，失われたデータを自動的に回復するための仕組みが必要となる。

トランスポート層のプロトコルである TCP では，シーケンス番号とチェックサムの二つの情報を送信側でヘッダに埋め込むことによって，パケットの消失や誤りを検出している。シーケンス番号は送信データの順序付けを行うために送信側でヘッダとして付加される数値データであり，先頭から数えてどこまでのデータが送信済みであるかを示すために用いられる。受信側では，時間的に前後して到着した受信パケットをシーケンス番号に基づいて整列し直すとともに，シーケンス番号の抜けから消失パケットを割り出すことが可能となる。

一方，あらかじめ決められた計算式に従って，上位層から受け取った送信データからチェックサムが生成される。このため，データに誤りが含まれる場合には，受信データから計算されたチェックサムは，送信データから計算されたオリジナルのチェックサムとは異なる値となる。そこで受信側では，送信側が受信パケットに埋め込んだチェックサムと，受信パケット内のデータから計算したチェックサムとを比較し，これらが異なる場合には受信データが誤りを含んでいることを検出することができる。

〔2〕 **TCPによるパケット再送**　TCPによるデータの送受信では，パケットが正しく受信されたときに限って，受信側から送信側に対して確認応答と呼ばれるパケットを返送する．送信側は，受信側からの確認応答パケットが一定時間内に返送されなかった場合に，パケットの消失やエラーが発生したものと判断して，該当パケットを改めて送信する．

図7.4に，TCPによるパケットの再送の流れを示す．図中の1, 2, …は送信パケットの番号を表している．また，①, ②, …は，各番号の送信パケットに対応する確認応答パケットを表している．例えばパケット5が消失したとき，これに対応する確認応答パケット⑤は送出されない．一定時間が経過するまでパケット⑤を受信しなかったサーバは，パケット5にエラーが生じたか，または消失したものと判断してパケット5を再送する．

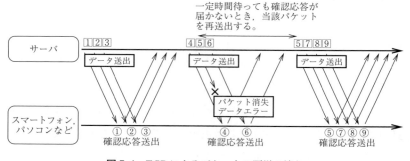

図7.4 TCPによるパケットの再送の流れ

〔3〕 **ARQ方式**　〔2〕で見たように，送信側において伝送データから生成した情報をチェックサムとして伝送データとともに送信することによって，伝送データに誤り検出能力を付与することができる．一方，受信側では受信データの誤りを検出し，誤りが含まれる場合には送信側にデータの再送を要求することによって，正しいデータを回復することができる．データのエラーを自動的に回復するためのこのような一連の方式は，ARQ（automatic repeat reqest：誤り検出再送要求）方式と呼ばれる．データのエラーや消失が頻繁に発生する劣悪な通信回線を用いたネットワークでは，確認応答が送信側に正し

く届く確率も低下するため，ARQ方式を用いた情報通信が困難となる。すなわち，低品質回線を利用したネットワークにおいては，ARQ方式は効率のよい誤り制御方式とはいえない。

しかしながら，現代のインターネットや移動通信ネットワークなどを実現する通信回線では，つぎに述べるように誤り訂正技術の向上によって，データエラーの影響やパケット消失の頻度が低く抑えられている。さらに，チェックサムの計算やシーケンス番号の管理が容易であり，通信機器に過度の負荷をかけずに通信網を構築できる。これらのことから，ARQ方式は，通信の信頼性を低コストで向上させる有効な手段として広く使われている。

7.2.2 誤り訂正符号
〔1〕 **通信回線におけるエラー発生**　図7.5に示すように，情報の通信は，送信端末と受信端末を結ぶ通信回線を通じて信号を伝送することにより実現される。その際，信通回線を構成する電線や光ファイバでの送信信号の減衰や他の信号との干渉，ハブやルータなどのネットワーク機器で発生する雑音などによって伝送される信号の品質が劣化する。アナログ信号による伝送では信号品質劣化の影響を除去することは困難であるが，ディジタル信号を用いることによってそれが可能となる。実際，インターネットにおけるネットワークイ

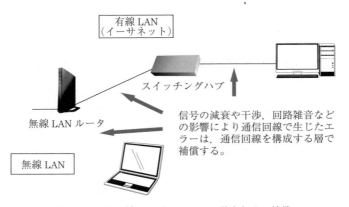

図7.5　通信回線におけるエラーの発生とその補償

ンタフェース層のプロトコルには，伝送信号の品質劣化に起因するビット誤りを復元する誤り訂正技術が組み入れられている．特に，信号を再送するのではなく，劣化した受信信号から送信データを復元する誤り訂正符号の利用が有効な手段である．

〔**2**〕 **誤り訂正機能をもつ符号化**　0と1のビット列で表現された情報を送信するとき，各ビットを3回繰り返して送信することを考える．例えば，情報ビット"0"を送信するとき，0をそのまま送信するのではなく，"000"のように0を3回繰り返して送信するものとする．このとき，伝送路上で1ビットの誤りが生じて"001"が受信されたとしても，受信ビット列内に含まれる0と1の個数の多いほうを送信ビットと推定することによって，送信ビットを正しく復元できることがわかる．このような符号化を繰返し符号化という．繰返し符号化を用いることによって，通信回線上で発生する誤りへの耐性を送信ビット列に付与することができる．しかしながら，一つの送信ビットに対して二つの冗長ビットを付加して送信することから，伝送の信頼性向上と引換えに伝送の効率を著しく損なうこととなる．そこで，つぎのような符号化を考えてみよう．

四つの伝送ビット x_1, x_2, x_3, x_4 に続いて，式(7.1)で計算した三つの冗長ビットを伝送するものとする．

$$\left.\begin{aligned} x_5 &= x_1 + x_2 + x_4 \\ x_6 &= x_1 + x_2 + x_3 \\ x_7 &= x_2 + x_3 + x_4 \end{aligned}\right\} \quad (7.1)$$

ただし，式(7.1)および以降の式における和は $\mathrm{mod}\,2$[†] で計算されるものとする．

ここで，s_1, s_2, s_3 を

$$\left.\begin{aligned} s_1 &= x_1 + x_2 + x_4 + x_5 \\ s_2 &= x_1 + x_2 + x_3 + x_6 \\ s_3 &= x_2 + x_3 + x_4 + x_7 \end{aligned}\right\} \quad (7.2)$$

[†] 通常の足し算の結果を2で割った余りを計算結果とする．

で定める．x_5, x_6, x_7 が式(7.1)に従って定められているとき，s_1, s_2, s_3 はいずれも 0 でなければならない．一方，ビット x_i の反転 $\bar{x}_i$ を，$x_i = 0$ のとき $\bar{x}_i = 1$，また，$x_i = 1$ のとき $\bar{x}_i = 0$ で定めると，x_1 から x_7 までの七つのビットのうちの 1 つが反転しているとき，s_1, s_2, s_3 は**表 7.1** のようになる．この表から，反転したビットのインデックスと (s_1, s_2, s_3) との間には一対一の対応関係があることがわかる．

表 7.1 反転ビットのインデックスと (s_1, s_2, s_3) との対応

反転ビット	x_1	x_2	x_3	x_4	x_5	x_6	x_7
s_1	1	1	0	1	1	0	0
s_2	1	1	1	0	0	1	0
s_3	0	1	1	1	0	0	1

そこで，受信側では，受信した七つのビットを式(7.2)に代入して (s_1, s_2, s_3) を求め，この値から反転したビットのインデックスを割り出す．これにより，伝送した 7 ビットの中に 1 ビットの誤りが含まれるとき，そのビットを訂正することができる．式(7.1)に基づいて冗長ビットを定める誤り訂正符号化を，ハミング符号化という．ハミング符号化では 4 ビットの情報に対して 3 ビットの冗長を付加するだけで 1 ビットの誤りを訂正することができるため，繰返し符号と比較して伝送の効率が大幅に改善されている．

〔3〕 **実際の符号化**　実際の情報通信では，ハミング符号化よりもさらに効率が高く，また誤り訂正能力の優れた符号化が実用化されている．具体的には

- Reed-Solomon 符号：コンパクトディスクの記録符号
- BCH 符号：衛星通信
- 畳み込み符号：携帯電話や Bluetooth などの無線通信
- ターボ符号：携帯電話
- LDPC 符号：各種無線通信や衛星通信

などがある．LDPC 符号は，理論限界に迫る誤り訂正能力を有する符号であり，次世代通信における標準符号として標準化・実用化が進められている．

7.3 通信内容の秘匿と暗号

7.3.1 情報通信システムにおけるセキュリティ

現代のインターネットでは，電子メールの送受信やwebページの閲覧以外にも，ネットショッピングやネットバンキングに代表される電子商取引，SNSやブログなどのソーシャルメディア，各種会員制サイトを通じた情報の入手など，多種多様なサービスが展開されている。これらのサービスはわれわれの生活をとても便利なものにしてくれるが，その利用には，氏名や住所をはじめとする個人情報，ログインパスワードやクレジットカード番号などの秘密情報などの入力が不可欠である。このため，サービスを提供するシステムやネットワークのセキュリティ上の弱点をついた攻撃により，社会や個人が受ける不利益もまた計り知れないものとなっている。本項では，情報通信システムにおけるセキュリティ上の脅威について概観し，その対策の要点についてまとめる。

〔1〕 **セキュリティ上の脅威** 情報通信システムにおけるセキュリティ上の主な脅威として，以下のものがあげられる。

① **情報の盗聴や漏洩(えい)** 電子メールなどの私的な情報や，ログインパスワード，クレジットカード番号などは，本来，第三者に開示されるべきでない情報である。これらの情報がネットワーク上に送信されたとき，悪意を持った第三者が盗み見る行為を盗聴と呼ぶ。また，個人のパソコンや携帯情報端末に保存された情報や，企業のサーバなどに蓄積された情報を，悪意を持った第三者が不正に入手して外部に漏らす行為を漏洩と呼ぶ。いずれの行為も，本来，秘密である情報に悪用を目的として不正にアクセスする行為を伴うものである。

② **情報の改ざん** ネットワーク上を送信される情報やサーバに蓄積されているデータなどに不正にアクセスし，単にそれらを盗み見るだけでなく，その内容の一部あるいは全部を書き換える行為を改ざんと呼ぶ。目的とするwebページを無断で書き換えたり，サーバ上で公開されているソ

フトウェアを，ウイルスを含む他のファイルに書き換えたりする行為がこれにあたる。

③ **成りすましや否認**　第三者の名前で不正行為を行うことを成りすましという。例えば，他人のメールアドレスを用いて悪質なデマメールを送ったり，実在する web ページの URL に似せた URL を用いてユーザを誘い込み，クレジットカード番号や個人情報を入手したりする行為がその代表である。また，メールやファイルなどをネットワーク経由で送信したにもかかわらず，その後で，送信者本人が「そんなメールは送ったことがない」と情報の送信自体を否定する行為を否認と呼ぶ。メールやファイルが約束事や契約を含むものである場合，単なる成りすまし以上に大きな被害をもたらす場合もありうる。

〔2〕 **セキュリティ技術の目的**　〔1〕であげたセキュリティ上の脅威から情報通信システムを守るためには，つぎのようなセキュリティ技術が開発されなければならない。

① 送信者の送信する情報を盗聴されることなく受信者に送り届ける（機密性を守る技術）。
② 送信者の送信する情報を改ざんされることなく受信者に送り届ける（正真性を守る技術）。
③ 情報の送信者が真の送信者であること，また，情報の受信者が正当な受信者であることを保証する〔認証の問題を解決する（成りすましを防ぐ）技術〕。
④ 情報の送信者が通信行為を否定できなくする（否認の不可能性を実現する技術）。

7.3.2　通信内容の暗号化

情報の機密性を守るための最も基本的かつ一般的なセキュリティ技術は暗号化である。本項では，暗号システムの基本的な構成について紹介し，さらに暗号化の原理について解説する。

〔1〕 **暗号の利用**　インターネットにおいてメールを送信することを考える。メールの送信者をアリス，受信者をボブとし，アリスからボブに送信されたメールをイブが盗聴している状況を図 7.6 に示す。セキュリティの分野では，メールなどの送信情報はメッセージとも呼ばれる。

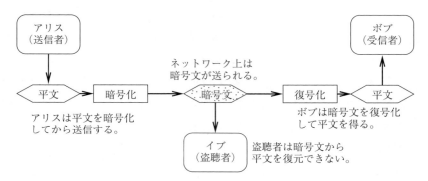

図 7.6　通信システムにおける暗号の利用

イブによる盗聴を防ぐため，アリスはメールを暗号化してから送信する。暗号化する前のメッセージを平文，暗号化の後のメッセージを暗号文と呼ぶ。暗号文を受け取ったボブは，暗号文を復号化して平文を取り出す。暗号文の復号化ができないイブは，暗号化する前のメッセージ，すなわち平文の内容を知ることができない。このようにして，イブに盗聴されることなく，アリスはボブにメールを送ることができる。なお，正当な受信者が暗号文から平文を取り出すことを復号化と呼ぶのに対し，正当でない受信者が暗号文から平文を復元しようとする試みを解読と呼んで区別する。

〔2〕 **シーザー暗号**　単純な暗号であるシーザー暗号を用いて暗号の原理を説明する。シーザー暗号とは，紀元前 100 年頃にローマで生まれた政治家・軍人であるジュリアス・シーザーが使用したといわれる暗号である。シーザー暗号の基本的な仕組みは，平文の文字を一定の文字数だけ「ずらす」ことによって暗号文の文字を得るというものである。

以下では，英文のアルファベット 26 文字に対する暗号化の例を用いて，シーザー暗号の原理について説明する。まず，図 7.7 に示すように，アルファベ

7.3　通信内容の秘匿と暗号　　147

（a）シーザー暗号

（b）単一換字暗号

図7.7　シーザー暗号と単一換字暗号

ット26文字を a, b, c, … のように通常の順番に並べる．なお，z のつぎの文字は a と約束し，26文字が巡回するように並べるものとする．つぎに，平文の文字に対する暗号文の文字を，平文の文字の3文字後の文字とする．例えば，平文の文字 a をシーザー暗号で暗号化したとき，暗号文の文字は d となる．同様に，平文の文字 b, c, d に対する暗号文の文字はそれぞれ e, f, g となり，平文 tokyo を暗号化すると暗号文 wrnbr を得る．

送付先ごとに異なる暗号化が必要なときには，送付先ごとにずらす文字数を変えればよい．これにより，たとえ暗号文が意図しない受信者に届いた場合にも，暗号文が解読される可能性を低く抑えることができる．

このような暗号の運用例を考えると，シーザー暗号は，「平文の文字をずらす」という暗号化の手順と，「ずらす文字数」という秘密の情報からなる．一般に，前者のような暗号化の手順のことを暗号化アルゴリズム，また，後者のような情報を暗号化鍵と呼ぶ．暗号化アルゴリズムを公開したうえで鍵を秘密にすることによって，たとえ暗号化鍵が漏洩しても，暗号化鍵を取り換えることでその暗号システムを使い続けることができるようになるなど，暗号化シス

148   7. 誤り訂正と暗号

テムを長期にわたって利用可能とするとともに，その安全性も高めることができる。

〔3〕 **シーザー暗号の一般化**　シーザー暗号による平文 tokyo の暗号文 wrnbr を得た盗聴者の暗号解読手順について考える。かりに盗聴者がシーザー暗号で暗号化されていることを知っているとき，暗号文の解読はきわめて容易である。なぜならば，暗号化の鍵，すなわち「ずらす文字数」は「0 文字」から「25 文字」までのわずか 26 通りしかないため，これらの総当たりによって平文 tokyo がただちに得られるからである。このように，すべての鍵の候補を実際に試す暗号解読法を全数探索法と呼ぶ。

ここで，シーザー暗号を，「平文の文字に使われる 26 文字」と「暗号文の文字に使われる 26 文字」との間の一対一対応を用いた置換であると解釈する。これにより，シーザー暗号の一般化として，「文字の一対一対応」を暗号化鍵とし，「暗号化鍵の一対一対応による文字の置換」を暗号化アルゴリズムとする，図 7.7 に示したような新たな暗号が得られる。この暗号のことを単一換字暗号と呼ぶ。

単一換字暗号の暗号化鍵は 26 文字上の一対一対応であるから，その総数は $26! = 4.0 \times 10^{26}$ となる。シーザー暗号と比べて暗号化鍵の総数は飛躍的に増えるため，単一換字暗号を鍵の全数探索により解読することは困難である。実際，1 秒間に $1\,G = 10^9$ 個の暗号化鍵をチェックできるコンピュータを用いた場合，暗号化鍵の全数探索にかかる時間はおよそ 130 億年，鍵を発見するまでに平均的にはその半分の 65 億年と天文学的な時間がかかる。

しかしながら，平文に用いられる 26 文字と暗号文に用いられる 26 文字との間には一対一の関係があることから，暗号文に出現する文字の頻度は平文におけるそれと完全に一致している。したがって，一般的な英語の文章における文字の出現頻度と比べたり，t のつぎには h が頻出する，q が連続することはない，などの英単語に特有の特徴を参照したりすることによって，全数探索する必要がなくなり，単一換字暗号は容易に解読できることが知られている。これは，文字の頻度や並び方といった平文に関する情報が暗号文から漏れているこ

とが原因である。そこで，このような弱点をもたない暗号化システムを検討する必要がある。

7.3.3 秘密鍵暗号

〔1〕 原理　暗号化方式は，鍵の使い方によって秘密鍵暗号と公開鍵暗号の2種類に分類される。秘密鍵暗号は，暗号化鍵を秘密にすることによって，鍵の推測の困難性に基づき暗号の強度を保つ方式である。また，暗号化と復号化に用いる鍵が同じであることから，秘密鍵暗号は対称暗号と呼ばれることもある。

秘密鍵暗号システムでは，暗号の使用に先立って情報の送受信者間で鍵を共有する必要がある。図7.8に示すように，秘密鍵の共有には，一般の伝送路とは異なる安全の確保された伝送路を用いなければならない。

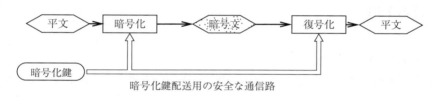

図7.8　秘密鍵暗号システム

代表的な秘密鍵暗号に，1977年にアメリカ政府で標準化されたDES（Data Encryption Standard）がある。DESは64ビットの平文を56ビットの暗号化鍵により暗号化するもので，暗号解読技術やコンピュータの処理能力が飛躍的に向上した現代では，鍵の探索を適切に行うことによって現実的な時間で解読できるようになっている。このため，現在ではDESの後継としてAES（Advanced Encryption Standard）が標準化されている。AESの秘密鍵は128，192，256ビットの3種類から選ぶことができ，暗号化鍵の総数はDESと比べて飛躍的に増大している。また，暗号化アルゴリズムにさまざまな工夫を施すことによって，暗号文から暗号化鍵や平文を推定することがきわめて困難な暗号となっている。その結果，現時点ではAESに対する有効な解読法は知られ

ていない。

〔2〕 **問題点**　秘密鍵暗号は，暗号化，復号化の計算量が一般に小さく，またハードウェアによる実装が容易であるため，通信システムに秘密鍵暗号を組み込んでも通信速度が目立って遅くなることはない。したがって，秘密鍵暗号を用いることによって通信の機密性を効率的に保つことが可能となる。

しかしながら，秘密鍵暗号を用いた通信を実現するためには，通信に先立ち，情報の送信者と受信者の間で暗号化鍵を安全に共有しておく必要がある。このため，遠隔地間で暗号化鍵を共有する際には，鍵の配送に要する時間的なロスや配送コストが発生する。また，多くのユーザが参加するネットワークでは，ユーザのペアごとに異なる暗号化鍵を用意する必要があるため，膨大な量の暗号化鍵を管理する必要もある。このような，秘密鍵暗号における暗号化鍵の配送と管理の問題に対し，つぎの7.3.4項で紹介する公開鍵暗号は有力な解決手段を提供する。

7.3.4 公開鍵暗号

〔1〕 **原理**　秘密鍵暗号では，暗号化に用いた鍵と同じ鍵を復号化にも用いる。これに対し公開鍵暗号では，暗号化と復号化に異なる鍵を使用する。すなわち，情報の送信者は暗号化鍵を使って暗号化し，情報の受信者は，暗号化鍵と異なる復号化鍵を使って復号を行う。言い換えると，送信者は暗号化鍵だけを知っていればよく，受信者は復号化鍵だけを知っていればよい。そこで，受信者は復号化鍵を手もとに置き，送信者が暗号化鍵を自由に入手できるような仕組みが実現できれば，秘密鍵暗号で問題となった鍵配送問題を解決することができる。

例えば，100人のユーザが秘密鍵暗号を用いて通信を行うシステムを考えると，自分以外の99人と秘密鍵を事前に共有しておかなければならない。秘密鍵は通信相手ごとに変える必要があるので，このシステムを実現するために必要な秘密鍵の総数は $99 \times 100/2 = 4950$ となる。一方，公開鍵暗号では各自が公開鍵と秘密鍵を1組準備すればよいので，100人のユーザが公開鍵暗号を用

いて通信を行うシステムでは，全部で100組の鍵を用意すればよい．さらに，秘密鍵を事前に共有する必要がないため，鍵配送のコストも不要である．

さらに，公開鍵暗号では暗号化鍵を公開することができる．つまり，受信者宛てに情報を送信したい人が誰でも暗号化ができるよう，webページなどに暗号化鍵を公開してもかまわない．一方，復号化の鍵は公開せず，受信者だけが知る秘密の情報とする．このことから，公開鍵暗号における暗号化鍵，復号化鍵は，それぞれ公開鍵，秘密鍵と呼ばれる．

公開鍵暗号システムを**図7.9**に示す．図に示すように，公開鍵と秘密鍵は対をなしており，公開鍵で暗号化した暗号文は，その公開鍵と対になっている秘密鍵でなければ復号化ができないことに注意する．

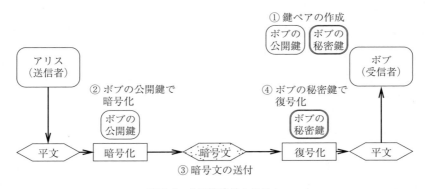

図7.9 公開鍵暗号システム

〔2〕 **代表的な例**　Rivest, Shamir, およびAdlemanらによって1978年に発表された公開鍵暗号は，開発者らの名前の頭文字をとってRSA暗号と名付けられた．RSA暗号は今日，最も広く用いられている公開鍵暗号であり，公開鍵暗号の標準といっても過言ではない．RSA暗号は，大きな数の素因数分解が現実的な時間で実行可能であれば解読できることが知られている．しかしながら，現在までに大きな数を現実的な時間で素因数分解するアルゴリズムは知られていない．また，長年の研究にもかかわらず，素因数分解を経由せずにRSA暗号の解読を行う方法も見つかっていない．このため，RSA暗号を現

実な時間で解読することは現時点では不可能であると考えられており,インターネットセキュリティを支える基幹技術の一つに採用されている。

公開鍵暗号は秘密鍵暗号に比べ,一般に暗号化,復号化の計算量が多い。このため,通信システムに公開鍵暗号をそのまま組み込むと,高速な通信を阻害する恐れがある。そこで,暗号化通信に先立って公開鍵暗号を用いて秘密鍵暗号の暗号化鍵を共有した後,メッセージ本体は共有した暗号化鍵による秘密鍵暗号で送信するハイブリッド暗号化システムが主流である。現代のインターネットにおいて暗号化通信を実現するために広く用いられているプロトコルであるSSL/TSLにおいても,このようなハイブリッド暗号化システムが利用されている。

〔3〕 **問題点**　公開鍵暗号では,公開鍵の所有者の正真性,すなわち,公開鍵の所有者が真の所有者であるか否かが大きな問題となる。図7.10に示すように,敵は送信者と受信者の間に入り,送信者に対しては受信者のように,また受信者に対しては送信者のように振る舞うことによって,公開鍵の正真性を破ることに成功する。

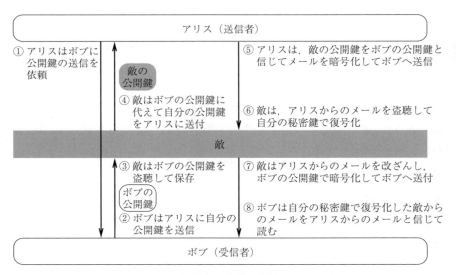

図7.10 中間者攻撃

公開鍵暗号に対するこのような攻撃は中間者攻撃と呼ばれ，公開鍵暗号自体の解読を目指すものとは異なる．しかしながら，無線 LAN のように通信の傍受や割込みが容易な回線では，中間者攻撃は公開鍵暗号に対する大きな脅威となりうる．

中間者攻撃を防ぐためには，公開鍵の正真性を保証する技術が必要になる．現在のインターネットでは，つぎの 7.3.5 項で紹介するディジタル署名と公開鍵証明書を用いることによって公開鍵の正真性を保証している．

7.3.5 改ざん検出と相手認証

〔1〕 **公開鍵暗号によるディジタル署名**　7.3.1 項で見たように，セキュアな情報通信システムを実現するためには，情報の機密性を守る暗号化の技術に加えて，情報の正真性を守り，認証の問題を解決し，さらに否認の不可能性を実現するセキュリティ技術が必要である．これらを実現するのが，ディジタル署名と呼ばれるセキュリティ技術である

ディジタル署名は①メッセージに対する署名の生成，②メッセージに添付された署名の検証，の二つの手順からなる．図 7.11 に公開鍵暗号を用いたディジタル署名方式の原理を示す．

メッセージの送信者アリスは，アリスの秘密鍵を用いてメッセージを暗号化

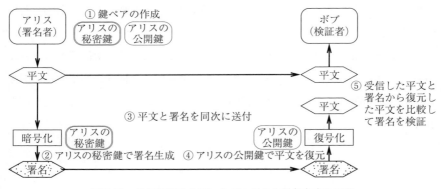

図 7.11　公開鍵暗号を用いたディジタル署名方式の原理

し，メッセージとともに受信者であるボブに送信する．一方，ボブはアリスの公開鍵を用いて暗号文を復号し，受信したメッセージと一致するか否かを確認する．

アリスの秘密鍵はアリスしか知りえないため，復号結果とメッセージが一致すれば，メッセージが改ざんされていないこと，およびメッセージの送信者がアリスであることが同時に検証できる．さらに，暗号文を生成できるのがアリスしかいないことから，メッセージの送付をアリスが否認することも不可能となる．このように，公開鍵ではなく秘密鍵を用いてメッセージを暗号化して得られる暗号文は，メッセージに対する署名として用いることができることがわかる．

〔2〕 **公開鍵証明書**　公開鍵暗号では，公開鍵の所有者の正真性が問題となった．すなわち，中間者攻撃によって公開鍵が改ざんされ悪意のある第三者の公開鍵にすり替えられてしまうと，通信の機密性が破られてしまう．

そこで，インターネットなどで公開鍵暗号を使用する際には，公開鍵の正真性を保証するために，認証局（certification authority：CA）と呼ばれる機関の発行した公開鍵証明書が利用される．

公開鍵証明書とは，公開鍵の所有者の氏名や所属などの個人情報と公開鍵が記載された電子ファイルである．さらにそのファイルには，公開鍵証明書の改ざんを防ぎ，所有者の正真性を保証するために，認証局の秘密鍵を用いて生成されたディジタル署名が付されている．**図7.12**に公開鍵証明書の生成と利用の手順をまとめる．

公開鍵を使用する際には，認証局の公開鍵を使用して公開鍵証明書の改ざんの有無を確認する．ここで，認証局のディジタル署名の検証に使用する公開鍵の正真性が問題になるが，これを信頼する限りにおいては公開鍵の正真性が保証されたことになる．

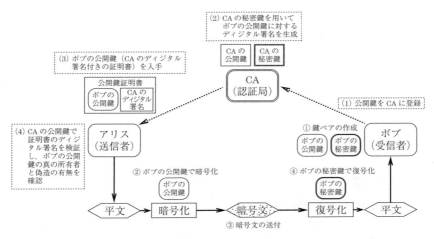

図 7.12 公開鍵証明書の生成と利用の手順

演 習 問 題

7.1 情報通信におけるプロトコルの役割について述べよ。
7.2 情報通信ネットワークにおけるプロトコルの階層化の役割と，その意義について述べよ。
7.3 インターネットにおけるパケットエラーの補償の仕組みについて説明せよ。
7.4 誤り訂正符号の役割を述べ，インターネットにおけるパケットエラーの補償の仕組みとの違いについて説明せよ。
7.5 秘密鍵暗号を運用するうえでの問題点を述べよ。
7.6 ハイブリッド暗号化方式について説明せよ。
7.7 公開鍵暗号における中間者攻撃について説明せよ。
7.8 公開鍵暗号を用いたディジタル署名方式について説明し，公開鍵証明書との組合せによる中間者攻撃への対策について述べよ。

談話室

誤り訂正符号/暗号化の歴史

情報を自然科学の対象と位置付け，その性質を数学的に明らかにしたのは，アメリカの数学者・情報科学者であるシャノンの1948年の論文が最初であるとされる。

ディジタル通信の発展とともにシャノンの理論は大きく発展し，誤り訂正符号の分野では，惑星探査機マリナー9号と地上との通信に用いられたRM符号，コンパクトディスクのデータ読取り時の誤り訂正に用いられるRS符号，無線通信の信頼性を飛躍的に向上させた畳み込み符号など，数多くの符号が実用化されてきている。

また，近年では，シャノンにより明らかにされた誤り訂正の性能限界を達成する符号として，LDPC符号に基づくさまざまな符号が提案されており，次世代誤り訂正符号として標準化，実用化の段階に入っている。

一方，暗号の分野においても，その情報理論的取扱いの創始者はシャノンであり，one-time padと呼ばれる乱数鍵を使い捨てにする秘密鍵暗号が解読不可能であることなどが明らかにされている。

現代的な暗号の研究は，秘密鍵暗号についてはDESの実用化，また公開鍵暗号についてはRSA暗号の提案を皮切りに大きく発展した。このほかにも，認証や秘密分散といったセキュリティ関連技術や，電子現金，電子投票といったセキュリティ技術の応用も，暗号理論とともに発展している。

近年，大きな数の素因数分解を現実的な時間で解く量子アルゴリズムが発見され，RSA暗号の安全性に対する信頼が揺らいでいる。現在のコンピュータをはるかに上回る計算能力を有すると期待される量子コンピュータはまだ研究途上ではあるが，これを契機として，量子コンピュータでも解読不可能な暗号の研究が盛んに行われている。

8

情報通信技術の応用

本章では，情報通信技術の応用として，RFID（radio frequency identification），およびモノのインターネット（internet of things：IoT），センサネットワーク，リモートセンシングについて説明する。情報通信技術が日常生活のみならず，産業界を含めてさまざまな分野で重要な役割を果たしていることを感じ取ってほしい。

8.1 RFID

8.1.1 特　　　徴

RFIDとは，無線を利用した自動認識技術の一つで，電子タグとリーダライタから構成される。電子タグには固有の識別番号（ID）を記憶している集積回路（integrated circuit：IC）チップとアンテナが内蔵され，個体（モノ）に付けることで，その個体（モノ）の識別，管理を行うことができる。電子タグは，無線タグ，RFタグ，ICタグあるいはRFIDタグとも呼ばれている[1]。リーダライタは電子タグと通信しながら，記憶内容の読み取りや書き換えを行う。

従来からバーコードを用いた認識技術が知られているが，それと比較して，RFIDは以下の特徴をもっている。

- 1個1個の個体（モノ）に異なるIDをもつ電子タグを取り付けることで個品単位での管理が可能。
- 個体（モノ）のID以外の属性データも記憶することができるため，バーコードと比較して大量の情報を管理することが可能。

- 無線を使い非接触（数 cm～数十 m）で情報の送受信が可能。特に，電源をもつ active 型電子タグを用いた場合には長距離での送受信が可能。
- 見通し外の場所にある電子タグの読み取りが可能。
- ほぼ全方位からの電子タグの読み取りが可能。
- 電子タグが移動中でも電子タグの読み取りが可能。
- 複数の電子タグからの情報を同時に一括して読み取ることが可能。
- 雪や霧，氷，塵などの劣悪な環境下でも適切に防護することで使用可能。
- 書き換え可能なメモリを IC チップで使用している場合，製造段階あるいは使用中に電子タグのデータの書き換えが可能。
- 送受信データを暗号化することで，高度なセキュリティを実現可能。
- 複製（コピー）が困難。
- 耐用年数が長く，再利用可能。

以上のことから，RFID を使えば，従来のバーコードでは実現できなかった高度な識別，管理が可能なことがわかるであろう。そのため，さまざまな業務の効率化を実現する手段としての RFID への期待が高まってきた。

8.1.2 構成と分類

電子タグに内蔵された IC チップは，下記の三つの回路部から構成されている。

- データを記憶するメモリ回路
- 送受信データのディジタル信号処理を高速に行うディジタル回路
- アンテナを介して高周波数で送受信データをやり取りするアナログ回路（RF アナログフロントエンドともいう）

アンテナと IC チップの接続には，配列状に並べたバンプと呼ばれる微小な突起状の端子が使われる。接続に必要な面積を最小限に抑えることが可能で，フリップチップ実装と呼ばれている。

図 8.1 に示すように，RFID は，その構成要素によっていくつかのタイプに分類できる[2]。以下では，この分類に従って，それぞれのタイプについて説明

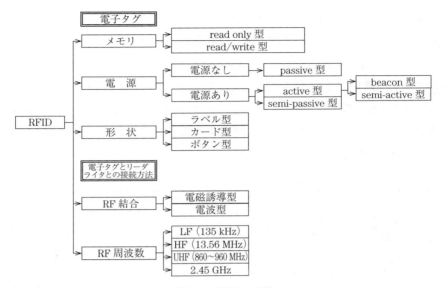

図 8.1 RFID の分類

する。

　メモリ回路には，製造段階で一度書き込んだ ID を変更できない read only 型と，一度書き込んだ ID を変更が可能な read/write 型があり，用途に応じてさまざまなものが実現できる．前者は ID を管理するデータベースと通信ネットワークを組み合わせることで，後者と同等のサービスを低価格で実現可能である．

　電源の種類によっても分類でき，電子タグ内部に電源をもたない passive 型と，電源をもつ active 型と semi-passive 型に分けることができる．passive 型はリーダライタからの電波から電力を得て駆動する．active 型と semi-passive 型の違いは，前者が信号を増幅する送信機をもっている点である．active 型はさらに，beacon 型と semi-active 型に分類できる．前者は定期的に間欠送信を行うのに対し，後者は外部からの起動信号を受信したときだけ送信を行う．現時点では passive 型が最も多く用いられている．例えば，小売店の入退出口に設置するゲートなどの固定システムでの運用，バーコードのかわりに用

いる可搬のデータ収集用途には passive 型が用いられている．一方，active 型の中では beacon 型が物品管理，特に物流管理（サプライチェーンマネジメント），や屋内での位置推定などを中心にして，さまざまな応用への適用が進みつつある．表 8.1 に passive 型と active 型の比較を示す．passive 型は active 型よりも安価で長寿命であり，出入口や改札口での出入り管理やチケット認証などに幅広く応用されている．国ごとの異なる規制や電波環境に応じて，読み取り距離（通信距離）が注意深く設定されている．

表 8.1 passive 型と active 型の比較

項　目	passive 型	active 型
読み取り距離（通信距離） （国ごとに異なる規制や環境に依存）	短距離（〜数 m）	長距離（〜数十 m）
機　能	ID とデータの読み取りが基本	センサと組み合わせて多機能化が可能
価　格	安　価	高　価
大きさ	小　型	電源（電池）により大きさが決定
寿　命	長寿命	電源（電池）により寿命が決定

図 8.2 に passive 型電子タグとリーダライタを用いた RFID システムの例を示す．リーダライタはアンテナ，トランシーバ（送受信機），マイクロコントローラ，メモリから構成される．電子タグがリーダライタの読み取り距離（通信範囲）内に入ると，電子タグ内でリーダライタからの発信電波が電力に変換される．その電力を用いて電子タグ内の回路が通信可能になり，IC チップ内

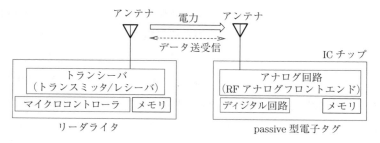

図 8.2 passive 型電子タグとリーダライタを用いた RFID システムの例

のデータの読み書きが行われる。

電子タグは形状によってラベル型やカード型，ボタン型などに分類される。また，使用する環境に応じて，金属による読み取り率の劣化を抑えるための加工や水分耐性をもたせた加工も可能である。

RF結合は電子タグとリーダライタが情報をやり取りする方法を意味し，電磁誘導型と電波型がある。前者は近距離用で，電子タグとリーダライタに付けられたコイル間の電磁誘導を利用してデータの送受信を行う。後者は遠距離用で，電子タグとリーダライタのアンテナ間の電波を利用してのデータの送受信を行う。それぞれの通信可能な距離は，RF周波数帯，および増幅機能，アンテナの形状と大きさなどで決まる。

RFIDで用いられるRF周波数としては，LF（135 kHz），HF（13.56 MHz），UHF（860〜960 MHz），2.45 GHzがあり，用途に応じて使い分けられている。4.3節で説明したように，一般に周波数が低いほうが電波が遠方に届きやすい。したがって，UHF（860〜960 MHz）を使用する電子タグは，2.45 GHzを使用する電子タグよりも電波が届きやすく，アンテナとして半波長ダイポールアンテナ（約16 cm）を用いた場合は装置も小形化しやすいため，広く利用されている。アメリカでは，902〜928 MHzが，ヨーロッパでは865〜868 MHzが，日本では916.7〜923.5 MHzがpassive型の周波数として用いられている。このように，UHF帯（860〜960 MHz）で利用できる周波数帯は国ごとに

表8.2 電子タグで用いられる日本でのRF周波数帯の比較

項　目	LF (135 kHz)	HF (13.56 MHz)	UHF (920 MHz)	2.45 GHz
読み取り距離 (通信距離)	短い (〜30 cm)	比較的短い (〜60 cm)	長い (〜10m：passive型) (〜数百m：active型)	比較的長い (〜1m：passive型) (〜数十m：active型)
制度化	昭和25年	平成10年	平成24年	昭和61年
主な用途	スキーゲート，食堂精算など	交通系，行政カードシステム，入退室管理システムなど	物品管理，物流管理など	物品管理，物流管理など
水の影響	あまり受けない	あまり受けない	大きく受ける	大きく受ける

異なるため，複数の国を越えて電子タグを共用する場合には読み取れない場合があることに注意が必要である。また，電波を発信するRFIDでは，各国の規制に従った製品を開発しなくてはならない。**表8.2**に電子タグで用いられる日本でのRF周波数帯の比較を示す[3]。

8.1.3 応 用 分 野

RFIDの応用分野は，セキュリティ・安全管理，製造・プロセス管理，物品・物流管理の三つに分類することができる。これらは互いに密接に関連する分野であり，用途によっては複数の分野にまたがるものもある。セキュリティ・安全管理の分野では，車のキーレスエントリーシステムや立入制限エリアへのアクセス管理などに用いられている。また，製造・プロセス管理の分野では，工場の自動製造・組立ラインの管理などに用いられている。さらに，物品・物流管理の分野では，廃棄物管理，生鮮食料品や配達物のトラッキング，空港手荷物の管理などに用いられている。

8.1.4 位置推定システム：GPSなど

RFIDによる位置推定システムは，電波の到達時間（time of arrival：ToA）あるいは受信信号強度（received signal strength：RSS）などによって電子タグの位置を推定する[4]。ToAを利用した最もよく知られている位置推定システムはGPS（global positioning system）であり，スマートフォンや携帯電話で利用されている。**図8.3**にToAを利用した位置推定システムを示す。電波を送信する送信機（T_1），電波を受信する受信機（R_1〜R_3），受信機からToAに関する情報を受け取るコンピュータから構成される。送信機は，所定の時間間隔でそのIDと送信時刻を含む信号を送信する。また，受信機は，送信機からの信号を受信するたびに，そのIDと受信時刻を含む信号をコンピュータに送る。さらに，コンピュータはその時間差から信号の伝搬時間を算出し，伝搬速度を乗算することで送信機と各受信機との間の距離を算出する。最後に，算出した距離を半径とする円の交点を求めることで送信機の位置を推定する。

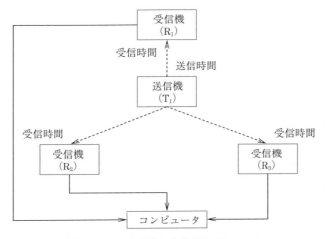

図 8.3　ToA を利用した位置推定システム

　スマートフォンやカーナビゲーションで自分の位置を推定する GPS では，図 8.3 で示した受信機と送信機を入れ替えて，1 台の受信機と 3 台の送信機からシステムが構成されている．受信機とコンピュータはスマートフォンやカーナビゲーションに備えられている．一方，3 台の送信機は地球を高度 2 万 km で周回する人工衛星に 1 台ずつ搭載されている．地表から遮るものがなければ，普通，6 個以上の衛星が視界に入るようになっていて，そのうちの 3 個の衛星からの電波を受信して，同時刻に受信機で受信した電波の発信時刻の差から，3 個の衛星との相対的な位置関係を求める．そのためには 3 台の送信機がもつ時計が示す時刻が一致している必要があり，同期して動く精密な原子時計がすべての衛星に搭載されている．また，受信機の時計もそれらと同じ時刻を指し示す必要があるが，スマートフォンやカーナビゲーションでは高価な原子時計をもつかわりに，上記の 3 個の衛星とは別の衛星からの電波から時刻を読み取り，それを利用している．

　図 8.4 に RSS を利用した位置推定システムを示す．電波を送信する送信機（T_1），電波を受信する受信機（R_1〜R_3），受信機から RSS に関する情報を受け取るコンピュータから構成される．受信機は，送信機からの信号を受信するた

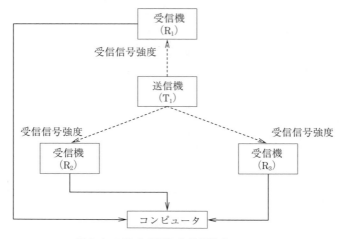

図 8.4 RSS を利用した位置推定システム

びに，その ID と RSS を含む信号をコンピュータに送信する。コンピュータは RSS から送信機と各受信機との間の距離を算出する。最後に，算出した距離を半径とする円の交点を求めることによって送信機の位置を推定する。

GPS に基づく位置推定は屋外では有効であるが，屋内では電子タグを利用した位置推定が有効である。屋内では，RSS と距離との関係を表すフリスの伝達公式

$$L = 20 \log_{10} \left(\frac{4\pi d}{\lambda} \right) \ [\text{dB}]$$

が当てはまらないことが多い。この公式は 4.3 節でも説明したが，L は伝搬損失，d は距離，λ は波長である。フリスの伝達公式が当てはまらない理由は，屋内では遮蔽物により受信機から送信機が見通せないことが多く，また，壁や天井からの反射波の影響を受けるからである。そのため，周囲の環境による電波伝搬の影響を考慮して修正したフリスの伝達公式を用いた位置推定システムが提案されており，active 型電子タグを用いた物品管理システムのプロトタイプを用いた屋内環境（〜100 m^2）での実験により，位置推定の精度として 2.9 m の二乗平均平方根（RMS）誤差が実現されている。

8.1.5 バーコード

本項では，IDを認識する技術の一つとして広く普及しているバーコードについて説明する。RFIDと同様に，バーコードリーダがバーコードからIDの読み取りを行う。バーコードは，アメリカでその原形が発明され，1952年に特許を取得している[5]。バーコードの原形として，現在普及している直線状のパターンのほかに，円形状のパターンも含まれている。

バーコードの代表例としてはJAN（Japanese article number）コードがあり[1]，日本の共通商品コードとして流通情報システムの重要な基盤となっている。JANコードは商品の販売情報を管理するPOS（point of sale：販売時点情報管理）システムや棚卸，在庫管理システムなどに利用されている。JANコードという呼称は日本国内のみで使用されており，国際的にはEAN（European article number）コードと同じである。JAN/EANコードはアメリカ，カナダにおけるUPC（universal product code）と互換性のある国際的な共通商品コードである。

JANコードには，標準タイプ（13桁：GTIN-13）と短縮タイプ（8桁：GTIN-8）の二つの種類がある。GTINとはglobal trade item numberの略称で，現在国際的に広く使われている各種の商品に関する国際標準の識別コードを包括した総称である。JANコード標準タイプ（13桁）は，①GS1事業者コード（9桁または7桁），②商品アイテムコード（3桁または5桁），③チェックデジット（1桁）で構成されている。GS1事業者コードは，国際的な流通標準化機関であるGS1が定める国際標準の識別コードを設定するために必要となるコードであり，国際的にはGS1 company prefixと呼ばれている。商品アイテムコードは，個々の商品を表すコードである。

JANコード標準タイプ（13桁）のチェックデジット計算方法を**図8.5**に示す。例えば，GS1事業者コード（9桁）"493977254"，商品アイテムコード（3桁）"317"の商品があったとすると，そのチェックデジットは，⓪〜⑥のように計算される。

⓪ 求めるチェックデジットを1桁目として右端から左方向に「桁番号」を

166　　8. 情報通信技術の応用

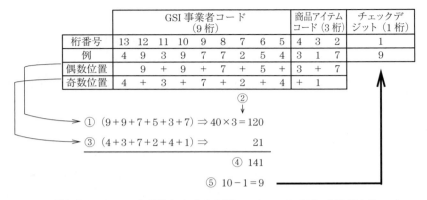

図 8.5　JAN コード標準タイプ（13 桁）のチェックデジット計算方法

付ける．
① すべての偶数位置の数字を加算する．
② ①の結果を 3 倍する．
③ すべての奇数位置の数字を加算する．
④ ②の結果と③の結果を加算する．
⑤ 最後に "141" の下 1 桁の数字を "10" から引く．この場合は "10" から "1" を引き算した結果の "9" がチェックデジットである．
⑥ 下 1 桁が "0" となった場合は，チェックデジットはそのまま "0" となる（"0" の場合は "0"）．

8.1.6　非接触 IC カード

キャッシュカードなどで利用される非接触 IC カードは passive 型 RFID に分類できるが，メモリ容量が大きく，ID だけではなく多くの情報を保存できること，セキュリティ機能が付加され重要な情報を扱うことができることなど，機能面で大幅に強化されている．非接触 IC カードの国際標準規格として，13.56 MHz を利用した NFC（near field communication）がある．Suica などに使用されている近距離通信規格 FeliCa[6] などの非接触 IC カードに対して上位互換性があり，また，NFC の規格に準拠した通信機器間であれば互い

に通信が可能なため，今後も幅広い応用への適用が期待されている[7]．NFC規格と応用事例を**表 8.3**に示す．

表 8.3 NFC 規格と応用事例

NFC（near field communication）規格	応用事例
NFC-A	国内では taspo カードや，欧州では交通系 IC カードなどとして広く普及．
NFC-B	国内ではマイナンバーカード，免許証，日本国パスポートなどとして広く普及．
NFC-F（Felica）	国内では Suica，PASMO などの交通系 IC カードや，WAON, nanaco などの電子マネーとして広く普及．

（注）「taspo」は社団法人日本たばこ協会，「FeliCa」はソニー株式会社，「Suica」は東日本旅客鉄道株式会社，「PASMO」は株式会社パスモ，「WAON」はイオン株式会社，「nanaco」は株式会社セブン・カードサービスの登録商標です．
「FeliCa」は，ソニー株式会社が開発した非接触 IC カードの技術方式です．

非接触 IC カードの動作原理を**図 8.6**に示す[8]．非接触 IC カードは，電子タグと同様にリーダライタと電磁誘導により RF 結合することで動作する．

① リーダライタのアンテナからは 13.56 MHz の交流磁界（搬送波）が発生しており，IC カードのアンテナが磁界の一部に入ると，交流電圧が発生する．発生した交流を電力蓄積用ダイオードと電力蓄積用コンデンサにより直流に変換し，電力蓄積用コンデンサから IC チップに電力が供給されることで，IC チップは動作を開始する．

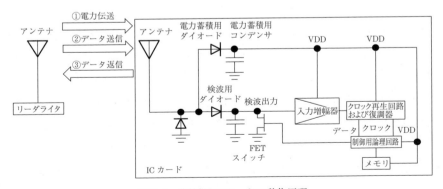

図 8.6 非接触 IC カードの動作原理

② つぎに，リーダライタから送信される 13.56 MHz の交流磁界（搬送波）から検波用ダイオードで検波された出力信号は，入力増幅器で増幅後にクロック再生回路と復調器を用いてデータとクロックに分離され，制御用論理回路にて必要な処理が行われる。

③ カードがリーダライタに返信する場合は，FET スイッチを ON/OFF させてアンテナのインピーダンスを変調することで行う。

8.2 IoT とセンサネットワーク

8.2.1 IoT

『総務省平成 26 年版情報通信白書』によれば，今後はパソコンやスマートフォン，タブレットのほかに，モノに取り付けられたさまざまな端末がインターネットに接続され，その数は 2020 年には 260 億を超えると予測されている[9]。膨大な量のモノがインターネットに接続されれば，ネット上を行き交う爆発的に増大するデータを活用した，新たなサービスが生み出されるものと期待されている。このような新しい形態のインターネットは IoT（internet of things）と呼ばれている。1999 年にアメリカのマサチューセッツ工科大学の Kevin Ashton 氏が提唱した言葉である[10]。

8.2.2 センサネットワーク

IoT の進展には，モノとインターネットを接続するための技術が必要である。センサネットワークは，電子タグあるいはセンサをモノに付けて，周囲の環境をセンシングし，取得したデータをネットワーク上で加工，管理するネットワークであり，その構成技術は IoT を実現するための中核技術の一つとして注目されている。センサネットワークの産業分野への応用例を**図 8.7** に示す[11]。

センサネットワークでは，以下の 3 項目が特に重要となる。

- 電源の確保：センサネットワークにおいては，センサと通信機能を組み合わせたセンサノード（端末）を設置してセンシングデータを取得するが，セン

8.2 IoT とセンサネットワーク　169

```
① エネルギー ⇒ 電力制御，自動検針など
② 社会基盤（インフラストラクチャ）⇒ ビルメンテナンスなど
③ 農　　　業 ⇒ 温室管理など
④ 流通・交通 ⇒ 商品・トラックの位置把握，交通流モニタリングなど
⑤ 医療・ヘルスケア ⇒ 健康管理など
⑥ 環境・防災 ⇒ PM2.5 測定，地震モニタリングなど
⑦ セキュリティ ⇒ 侵入・盗難防止など
```

図 8.7　センサネットワークの産業分野への応用例

サノードを常時稼働できる商用電源が確保できるとは限らない。商用電源が確保できない場合は，電池などの電力供給手段を考えなければならない。

- 低消費電力化：電池動作の場合，センサノードの低消費電力化を図ることで電池交換の回数をできるだけ少なくする必要がある。
- ソフトウェアの開発：センサネットワークでは，センサがある事象（イベント）を把握したときのみセンサノードを稼働させたり，一定の時間間隔で間欠動作をさせることで低消費電力化を図る必要がある。パソコンやスマートフォンとは異なる動作モードに特化した OS などのソフトウェアの開発が必要となる。

8.2.3　スマートメータネットワーク

センサネットワークの応用例として，電力供給にかかわるスマートメータネットワークがある。従来の電力メータに通信機能を組み込んで，計測値を遠隔から集計し，電力制御や各家庭内の家電機器の制御に利用しようというコンセプトで，東日本大震災による計画停電/節電の実体験を契機に，各家庭への導入の期待が急速に高まった。わが国の「エネルギー基本計画」[12]には，「2020年代早期に，スマートメータを全世帯・全事業所に導入するとともに，電力システム改革による小売事業の自由化によって，より効果のある多様な電気料金設定が行われることで，ピーク時間帯の電力需要を有意に抑制することが可能となる環境を実現する。」と記述されている。そのため，2024年度末にはすべ

ての家庭へのスマートメータ設置を完了する計画となっている[13]。

スマートメータでは，それ自体のエネルギー消費を減らすため，センサノードであるスマートメータ（無線端末）の低消費電力化と，これをサポートするセンサネットワークの構成が重要である。例えば，センサネットワークとしてバケツリレー形式のマルチホップ構成を適用する場合，再送制御を前提とするため，特に重要となる[14]。電気のスマートメータネットワークの構成例を図8.8に示す[15]。数百台のスマートメータをコンセントレータが束ねる構成である。電柱上のコンセントレータを介して，自動検針サーバとネットワーク管理サーバが定期的な自動検針データの収集と，制御情報の通知などを行う。

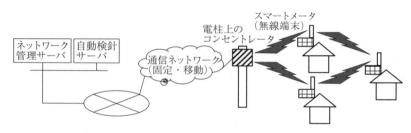

図8.8　電気のスマートメータネットワークの構成例

スマートメータには，以下のように狭義の概念と広義の概念の二つがある[16]。

- 狭義の概念：電力会社等の計量関係業務などに必要な双方向通信機能や遠隔開閉機能などを有したメータ。
- 広義の概念：狭義の概念に加えてエネルギー消費量などの「見える化」やホームエネルギーマネジメント機能なども有したもの。

情報通信技術を最大限に活用して，再生可能エネルギーの導入拡大に対応するとともに，需給バランスの調整により，社会的コストを最小限にしつつ，エネルギーの安定供給を可能とする電力供給網としてスマートグリッドが提案されていて，その実現にはスマートメータの導入が必須である。

電力と同様に，ガスにおいてもスマートメータの導入が進められている。ガスの場合，電力の場合と異なりメータへの電力供給に制約があり，普通は電池

駆動が前提となる．このため，電池で10年間駆動可能な超低消費電力設計が必須である．エネルギー（ガス，水道，電気）使用量の「見える化」を推進しているテレメータリング推進協議会では，従来の都市ガスメータの通信仕様より通信速度を高速化して，パケット通信方式を採用した新しい通信インタフェース（Uバス）と，ガスメータ間を920 MHz帯を使用してマルチホップ通信により中継する，IEEE（米国電気電子学会）802.15.4g/e規格に準拠した近距離無線通信方式（Uバスエア）を提案し，それに基づく基準策定を計画している[17]．

8.3 リモートセンシング

電磁波や音波を用い，対象物を遠隔から計測したり探査したりすることを総称してリモートセンシングと呼ぶ．ハード的にもソフト的にも情報通信の技術が基本となっている．リモートセンシングは，古くからある広い概念であるが，科学技術用語として広く知られるようになったのは，アメリカ航空宇宙局NASA（National Aeronautics and Space Administration）のLandsat衛星1号が1972年に運用され，鮮明な地表の映像を取得してからといわれている．現在では，さまざまな環境観測（台風/降雨状況，土地利用状況，植生分布，温度，海洋汚染，植物性プランクトン濃度，火山活動，地形）をはじめ，医療診断（癌疾患等），資源探査（鉱物等），非破壊検査（構造物や材料）などの分野に応用されている．

観測対象物は，有機物や無機物，生体組織，生物，天体，地球など，多岐にわたる．それらにおいて，対象に大きな擾乱を与えずに，非破壊的，非侵襲的に観測することが求められことは多く，究極的には $in\ situ$（そのままに）観測が求められる．例えば，生物組織が対象である場合，$in\ vitro$（体外にて）†よりも $in\ vivo$（体内にて），さらには，物理的にも生理化学的にも影響を与え

---

† 直訳には「試験管内にて」という意味もあるが，必ずしも試験管を使うとは限らず，「組織を切り出して体外にて」という場合をいうことも多い．

ずに in situ であることが望まれている．それらの分野ではリモートセンシング技術のさらなる活用が期待されている．

8.3.1 通信との類似性

図 8.9 にリモートセンシングにおける送信機と受信機，およびセンサの間の情報の流れを示す．送受信機とセンサ間の信号のやり取りに，これまでに学習してきた情報通信技術が使えることがわかるであろう．センサはトランスデューサ（変換器）と呼ばれることもある．送信機において生成される送信信号は，通常の通信と同様に変調や符号化され，センサで電磁波や音波などの波動に変換されて観測対象に向かって放射される．また，センサは対象から到来する波動を電気信号（受信信号）に変換し，受信機で検波または復調，復号化される．センシングでは，センサにおける電気信号と波動との間のエネルギー変換効率や帯域幅，感度などが重要な性能指標となる．

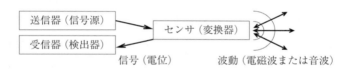

図 8.9 リモートセンシングにおける送信機と受信機，およびセンサ間の情報の流れ

光や X 線などの電磁波を用いるセンシング技術における信号の流れと，通常の通信の比較を**図 8.10** に示す．能動型（active）センシングでは，送信センサの位置や数，送信波の強度やエネルギー，搬送周波数，帯域幅，位相，波形などを制御して適切な波を送信し，媒体の特性を測定する．また，基本的には in situ 計測が望まれるが，積極的に造影剤を使用したり，温度等の条件を変えるなどして，観測しやすいよう対象物の性質を制御する場合もある．一方，受動型（passive）センシングでは，自発的に信号を発する波源が観測対象であり，基本的には制御できないことが多い．能動型のほうが計測系を構成する際の自由度が高い．

8.3 リモートセンシング

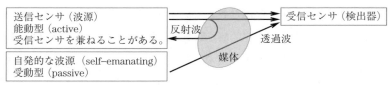

（a）電磁波を用いるセンシング技術における信号の流れ

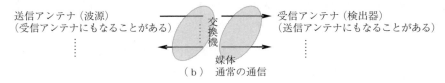

（b）通常の通信

図 8.10 電磁波を用いるセンシング技術における信号の流れと通常の通信との比較

いずれの場合でも，受信波は媒体や信号源の情報を反映した何らかの変調波であり，適切な手法で信号を受信し，検波，復調することで観測対象に関する情報を獲得できる。アナログ技術も重要であるが，ディジタルセンシングを行う場合は，観測対象に応じて 2 章で説明したサンプリング定理（ナイキスト定理）に従って時空間分解能を適切に定める必要がある。符号化や復号化技術，アルゴリズム手法を駆使し，対象に攪乱を生じさせずに，高速かつ高精度にセンシングを行うことは，通常の通信技術と同様で，基本的な信号処理においても共通する部分が多い。リモートセンシングでは対象に応じてさまざまな帯域が用いられる。一般に，電磁波や音波は波動方程式で表されるが，物理量や媒体，伝搬速度は異なり（おのおの光速と音速），振舞いはまったく異なる。同じ電磁波でも周波数が異なると挙動やその応用が異なることは 1 章や 4 章でも述べた。音波も，20 kHz までの可聴音波と，それよりも高周波数の超音波では振舞いが大きく異なり，各帯域特有の技術が用いられる。詳細は専門書に委ねたい[18),19)]。

8.3.2 観測衛星を使ったリモートセンシング

ここでは，観測衛星を使ったリモートセンシングについて，『だいち 2 号』と『みどり 2 号』の例で説明する。

8. 情報通信技術の応用

まず,2014年5月14日から運行されているJAXA(Japan Aerospace Exploration Agency)[19],[20]の人口衛星『地球観測衛星搭載だいち2号(ALOS-II)』によって地上を観測した事例を説明する。『だいち2号』はマイクロ波帯域のLバンド2次元フェーズドアレイ型レーダであるLバンド合成開口レーダ(Phased Array type L-band Synthetic Aperture Radar-2:PALSAR-2)を搭載しており,地球上を周回飛行しながら,同一位置を周期的に観測できる。Lバンドとは,**表8.4**に示すようにマイクロ波帯域内1〜2GHzの帯域名をいう[21]。可視光や赤外線による観測と異なり,マイクロ波帯域の電磁波を用い,水蒸気や雨の影響を補正し,天候や昼夜に関係なく地球上の状態(陸地や建築物,植

表8.4 衛星通信用の周波数帯域の呼称とその使途〔文献21)より転載〕

周波数帯の名称	衛星通信における周波数範囲	IEEE/ITUのバンド名に対応する周波数範囲[*1]	衛星通信用周波数帯に関する説明
VHF	—	30〜300MHz	小型低軌道衛星(Little LEO)システムとT&C(テレメトリ&コマンド)
Lバンド	1〜2GHz	1〜2GHz	移動体通信システムに使われることが一般的
Sバンド	2〜4GHz	2〜4GHz	移動体通信システムに使われることが一般的
Cバンド	4〜6GHz	4〜8GHz	固定通信システムおよび移動体通信のフィーダリンク用
Xバンド	7〜8GHz	8〜12GHz	防衛システム専用(Government use only)
Kuバンド	10〜18GHz	12〜18GHz	固定通信システムおよび放送用(DBS)[*2]
Kバンド	(該当なし)	18〜27GHz	衛星通信には該当するバンド名がない
Kaバンド	18〜30GHz	27〜40GHz	固定通信,衛星間通信システムおよび移動体通信フィーダリンク用
Qバンド	33〜50GHz	(該当なし)	将来の広帯域通信システム,衛星間通信システム
Vバンド	50〜75GHz	40〜75GHz	将来の広帯域通信システム,衛星間通信システム
Wバンド	75〜110GHz	75〜110GHz	レーダシステムなど

*1 IEEE std 521-2002に基づくバンド名。ITUレーダバンド名も同じ。
*2 DBS:direct-broadcast satellite

8.3 リモートセンシング 175

生物，山，海，災害状況，資源など）を観測できる．図 8.11（a）は，浦安市付近（ディズニーランド）の衛星画像である[20]．比較のため，過去に運用されていた『ふよう1号』と『だいち』（PALSAR 搭載）によって観測された同一位置の画像を示すが，センサの性能が向上し，さらに，スポットライトモードを搭載した結果，空間分解能が格段に向上した．しかし，その空間分解能は，可視光や赤外線に比べて低い．また，図 8.11（b）は，富士山付近の衛星画像

『ふよう1号』SAR　　　　　『だいち』PALSAR　　　　『だいち2号』PALSAR-2
1992年4月21日　　　　　　2006年4月27日　　　　　2014年6月19日
分解能 18 m　　　　　　　　分解能 10 m　　　　　　　分解能 3 m

（a）浦安市付近（ディズニーランド）の『ふよう1号』と
『だいち』，『だいち2号』の衛星画像の比較

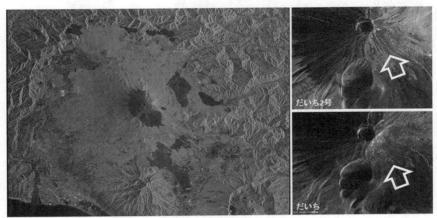

（b）左：富士山周辺（偏波のデータを用いた疑似カラー画像）
　　右：拡大写真（右上：『だいち2号』，右下：『だいち』．特に矢印箇所で空間分解能を
　　　　比較できる）

図 8.11　『ふよう1号』，『だいち』，『だいち2号』により観測された衛星画像（口絵 1）[20]

である[20]。偏波データに基づいて着色し，植生，市街地，裸地を分けている（**口絵1**）。

2002年12月14日～2003年10月31日で運用されたJAXA人工衛星『環境観測技術衛星みどり2号（ADEOS-II）』には，高性能マイクロ波放射計が搭載されていた。水の誘電率がマイクロ波周波数に依存して大きく変化する性質を利用し，海水，氷，水，水蒸気，雲，雨，雪，海面水温などの水に関するさまざまな物理量の観測を可能にした。**図8.12**は，観測された衛星写真の例である（**口絵2**）。詳細は専門書[19],[22]に委ねるが，放射計に関してつぎに説明する。

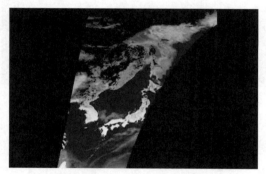

（a） 環境観測技術衛星みどり2号でとらえた日本列島（カラー合成画像）

（b） 発達中の低気圧に伴う降雨の拡がり

図8.12 環境観測技術衛星みどり2号でとらえた日本列島と発達中の低気圧に伴う降雨の拡がり（口絵2）[20]

物質や物体は，**図8.13**（a）で示すように，その温度で決まるスペクトルをもった電磁波を放射する。黒体と呼ばれる理想的な放射体においてはプランクの公式が成立し，温度 T の黒体放射輝度 B_λ は

$$B_\lambda(T) = \frac{2hc^2}{\lambda^5}\left[\exp\left(\frac{hc}{\lambda kT}\right) - 1\right]^{-1} \tag{8.1}$$

と表せる。ここで，h はプランク定数，k はボルツマン定数，c は光速である。マイクロ波帯域では，波長が長く，レイリー・ジーンズの近似公式が成立し

8.3 リモートセンシング　　177

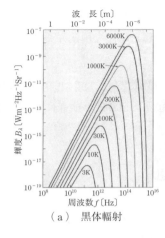

（a）黒体輻射

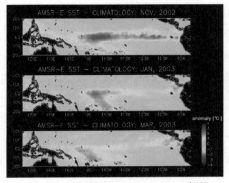

（b）地球観測衛星 AQUA によって観測されたエルニーニョ現象：2002 年 11 月（上段），2003 年 1 月（中段），2003 年 3 月（下段）（口絵 3）[20]

図 8.13 黒体輻射と地球観測衛星 AQUA によって観測されたエルニーニョ現象

$$B_\lambda(T) \fallingdotseq \frac{2\,ckT}{\lambda^4} \tag{8.2}$$

となる。対象からの放射輝度の観測値 L_λ に対して，各対象が固有にもつ放射率 ε_λ（0～1.0）を用いて補正すると

$$B_\lambda(T) = \frac{L_\lambda}{\varepsilon_\lambda} \tag{8.3}$$

が得られ，この式から対象物の温度を見積もることができる。図 8.13（b）には，JAXA が開発した改良型高性能マイクロ波放射計『Advanced Microwave Scanning Radiometer for EOS：AMSR-E（アムサーイー）』を搭載した人工衛星 AQUA（アメリカ，ブラジル，日本の共同運用 2002 年 5 月 4 日～2015 年 12 月 4 日）によって赤道付近にて観測されたエルニーニョ現象の写真（海面水温）を示す（**口絵 3**）[20]。温度計測は受動型センサが用いられる典型的な例である。その他，能動型マイクロ波センサも使用されており，散乱解析に基づいて海面上の風速ベクトルの観測（上記の ADEOS-II に搭載されていた Sea-

178   8. 情報通信技術の応用

Winds 散乱計）や降雨（JAXA 熱帯降雨観測衛星 TRMM），高度の観測が可能である[19),22)]。他の衛星通信用の周波数帯域（呼称）の主な用途については表 8.4 に示してある[21)]。

本書では，音波を用いたリモートセンシングは扱わなかったが，医療応用（超音波[18)]）のほか，金属やコンクリート内の亀裂などの探傷検査にも広く使用されている。

演 習 問 題

8.1 書籍のバーコード（ISBN コード：13 桁）のチェックデジットは，商品バーコード（JAN コード：13 桁）と同じ計算方法で求めることができる。以下の書籍のチェックデジットを求めよ。
　　　978406257851 ○　高岡詠子：チューリングの計算理論入門

8.2 下記の空欄（A）～（E）に当てはまる単語を，以下の【キーワード】から選択して空欄に記入せよ。
　① 狭義のスマートメータの概念：電力会社等の（A）に必要な双方向通信機能や（B）などを有したメータ。
　② 広義のスマートメータの概念：狭義の概念に加えてエネルギー消費量などの「見える化」や（C）なども有したもの。
　③ エネルギー基本計画：2020 年代早期に，スマートメータを全世帯・全事業所に導入するとともに，電力システム改革による（D）の自由化によって，より効果のある多様な電気料金設定が行われることで，（E）の電力需要を有意に抑制することが可能となる環境を実現する。
　【キーワード】　ピーク時間帯，遠隔開閉機能，ホームエネルギーマネジメント機能，計量関係業務など，小売事業

8.3 マイクロ波の放射率は，金属（0～0.02），水（滑らか 0.27～泡 0.98），乾燥土壌（滑らか 0.5～粗い 0.95），雪（深い乾雪 0.55～湿雪 0.95），海氷 0.7～0.98，植物 0.85～0.95 である。放射率による補正の有無による温度計測値に生じる誤差を吟味せよ。

引用・参考文献

1章
1) 神崎洋治, 西井美鷹：体系的に学ぶ携帯電話のしくみ, 第 2 版, 日経 BP 社 (2008)
2) 中嶋信生, 有田武美, 樋口健一：携帯電話はなぜつながるのか, 第 2 版, 日経 BP 社 (2012)
3) 水澤純一：情報通信ネットワーク（電子情報通信レクチャーシリーズ）, コロナ社 (2008)

2章
1) 畑上 到：工学基礎 フーリエ解析とその応用, 数理工学社 (2012)
2) 竹下鉄夫, 吉川英機：通信工学（電気・電子系 教科書シリーズ 23）コロナ社 (2010)

3章
B. Razavi 著, 黒田忠広 監修・翻訳：RF マイクロエレクトロニクス, 第 2 版, 入門編, 丸善出版 (2014)

4章
【移動通信ネットワーク】
1) 服部 武, 藤岡雅宣：ワイヤレス・ブロードバンド HSPA+/LTE/SAE 教科書, インプレス R & D (2009)
2) 藪崎正実：All-IP モバイルネットワーク, オーム社 (2009)
【多元接続方式】
3) 村瀬 淳：無線通信の基礎技術―ディジタル化からブロードバンド化へ―, オーム社 (2014)
【電波の発生】
4) 井上伸雄：「電波」のキホン 周波数帯の再割り当てで注目される電波の世界, ソフトバンククリエイティブ (2011)

【無線LAN】

5) 守倉正博, 久保田周治：改訂三版 802.11 高速無線LAN教科書, インプレスR＆D（2008）
6) 西山高浩：無線LAN/Wi-Fi の通信技術とモジュール活用：高速/高セキュリティ/高接続性…今すぐ世界とつながる, CQ出版（2014）
7) B.O' Hara and A. Petrick：IEEE 802.11 Handbook：A Designer's Companion, 2nd Edition, Standards Information Network, IEEE Press（2005）
8) D.D.Coleman, D.A. Westcott, B.E. Harkins and S.M. Jackman：CWSP Certified Wireless Security Professional Official Study Guide, Exam PW0-204, Sybex（2010）

【Bluetooth】

9) 鄭 立：Bluetooth LE 入門 スマホにつながる低消費電力無線センサの開発をはじめよう, 秀和システム（2014）

5 章

1) K.C. Kao and G.A. Hockham：Dielectric-fibre surface waveguides for optical frequencies, Proc. IEE, **113**[†], pp. 1151〜1158（1966）
2) T. Miya et al.：Ultimate low-loss signle-mode fibre at 1.55 μm, Electronics Letters, **15**, 4, pp. 106〜108（1979）
3) 末松安晴, 伊賀健一：光ファイバ通信入門, 第4版, オーム社（2006）
4) A. Yariv 著, 多田邦雄, 神谷武志 監訳：光エレクトロニクス, 第5版, 丸善（2000）
5) ITU-T Recommendation G. 694.1, Spectral grids for WDM applications：DWDM frequency grid（2012）
6) H. Takahashi et al.：Transmission characteristics of arrayed-waveguide N x N wavelength multiplexer, IEEE Journal of Lightwave Technology, **13**, 3, pp. 447〜455（1995）
7) 電子情報通信学会：知識ベース 4 群-1 編-14 章,「固定無線通信」1.1 節, http://www.ieice-hbkb.org/files/04/04gun_01hen_14.pdf（2016年8月現在）

6 章

1) 村山公保：基礎からわかる TCP/IP ネットワークコンピューティング入門, 第

---

† 論文誌の巻番号は太字, 号番号は細字で表記する.

3版，オーム社（2015）
2) 網野衛二：3分間ネットワーク基礎講座，改訂新版，技術評論社（2010）
3) Gene：おうちで学べるネットワークのきほん，翔泳社（2012）

7 章

　情報通信における誤り訂正の理論を学ぶうえでは，情報の定量化や表現に関する数理的な枠組みを理解しておくことが望ましい。これらは「情報理論」と呼ばれる理論体系にまとめられており，文献1）はその入門書，文献2）は学部3年から大学院にかけて使用できる標準的な教科書である。文献3）は情報理論と符号理論との橋渡しに重きを置きつつ，誤り訂正の基礎から最新の誤り訂正符号までを平易に説いた教科書である。また，誤り訂正符号のうち代数的な符号にテーマを絞った教科書が文献4）である。暗号理論については，その原理や応用についてやさしく解説した文献5）が初学者にはたいへん読みやすい。暗号理論に関する専門的な勉強を行いたい学習者は文献6）に進むとよい。

1) 小嶋徹也：はじめての情報理論，近代科学社（2011）
2) T.M. Cover and J.A. Thomas：Elements of Information Theory（2nd ed.），Wiley（2006）（山本博資，古賀弘樹，有村光晴，岩本 貢ほか訳：情報理論基礎と広がり，共立出版（2012））
3) 坂庭好一，笠井健太：通信理論入門，コロナ社（2014）
4) 坂庭好一，渋谷智治：代数系と符号理論入門，コロナ社（2014）
5) 結城 浩：暗号技術入門 秘密の国のアリス，ソフトバンククリエイティブ（2008）
6) 岡本龍明，山本博資：現代暗号（シリーズ・情報科学の数学），産業図書（1997）

8 章

1) 一般財団法人流通システム開発センターのホームページ：
http://www.dsri.jp/index.htm（2015年12月現在）
2) H. Hayashi：Radio-Frequency Identification Systems（RFID），book chapter in Encyclopedia of RF and Microwave Engineering, edited by Kai Chang, John Wiley & Sons, Inc., **5**, pp. 4263〜4268（2005）
3) 総務省のホームページ「情報通信審議会 情報通信技術分科会 移動通信システム委員会報告 概要（案）（平成23年6月13日）p.5」：
http://www.soumu.go.jp/main_content/000121404.pdf（2015年12月現在）

4) H. Hayashi, T. Tsubaki, T. Ogawa, and M. Shimizu : Asset tracking system using long-life active RFID tags, NTT Technical Review, **1**, 9, pp. 19～26（2003）
5) N.J. Woodland et al. : CLASSIFYING APPARATUS AND METHOD, US Patent# : 2612994（1952）
6) 非接触 IC カード技術"Felica"のホームページ：
   http://www.sony.co.jp/Products/felica/index.html（2015 年 12 月現在）
7) トッパン・フォームズ株式会社のホームページ：
   http://www.nfc-world.com/about/03.html（2015 年 12 月現在）
8) 日本国特許公報 第 3803364 号
   林 等，清水雅史，椿 俊光「非接触 RFID システムの通信方法，非接触 RFID システム，送信機及び受信機」
9) 総務省のホームページ「平成 26 年版 情報通信白書 データ解析技術の進展とロボットへの応用」：
   http://www.soumu.go.jp/johotsusintokei/whitepaper/ja/h26/html/nc141310.html（2015 年 12 月現在）
10) 2013 : The year of the Internet of Things, MIT Technology Review（January 4, 2013）
    http://www.technologyreview.com/view/509546/2013-the-year-of-the-internet-of-things/（2015 年 12 月現在）
11) 加々見修，松尾真人，原田 充，林 等，吉野修一：モノとの通信を実現する広域ユビキタスネットワーク，NTT 技術ジャーナル，**22**, 3, pp. 8～11（2010）
    http://www.ntt.co.jp/journal/1003/files/jn201003008.pdf（2015 年 12 月現在）
12) 資源エネルギー庁のホームページ「エネルギー基本計画（平成 26 年 4 月）p. 36」：
    http://www.enecho.meti.go.jp/category/others/basic_plan/pdf/140411.pdf（2015 年 12 月現在）
13) 経済産業省のホームページ「スマートメータ制度検討会（第 15 回）スマートメータの導入促進に伴う課題と対応について p. 5」：
    http://www.meti.go.jp/committee/summary/0004668/pdf/015_03_00.pdf（2015 年 12 月現在）
14) 上村昂平，林 等，畠内孝明：無線センサネットワークの低消費電力化のための隣接無線機判定方法の提案，電気学会論文誌 C（電子・情報・システム部門誌），**134**, 5, pp. 612～619（2014）
15) 泉井良夫，渋谷昭宏，浅井光太郎：スマートグリッドとセンサネットワーク，

電子情報通信学会論文誌 B, **J95-B**, 11, pp. 1378～1387（2014）
http://search.ieice.org/bin/pdf_link.php?category=B&lang=J&year=2012&fname=j95-b_11_1378&abst=（2015年12月現在）

16) 資源エネルギー庁のホームページ「スマートメータをめぐる現状と課題について p.3」：
http://www.meti.go.jp/committee/materials2/downloadfiles/g100526a04j.pdf
（2015年12月現在）

17) H. Hayashi : Evolution of next-generation gas metering system in Japan, Proc. 2014 IEEE MTT-S International Microwave Symposium (IMS), TU2C-3 (2014)

18) 炭　親良：1章2節超音波音場，新超音波医学，第1巻，医用超音波の基礎，編集代表者松尾裕英，日本超音波医学会編，医学書院（2000）

19) 古浜洋治ほか：人工衛星によるマイクロ波リモートセンシング，電子通信学会編，コロナ社（1986）

20) JAXAホームページ：http://www.jaxa.jp/（2016年8月現在）

21) 北爪　進：衛星と無線通信システム，1章 衛星通信の概要，RFワールド，15，CQ出版（2011）

22) 岡本謙一 監修：宇宙からのリモートセンシング（宇宙工学シリーズ9），コロナ社（2009）

索引

【あ】

アナログ回路	158
アナログ/ディジタル変換	13
アナログ変調	20
アプリケーション層	136
アメリカ航空宇宙局 NASA	171
誤り検出再送要求方式	140
誤り訂正符号	142
アレイ導波路回折格子	107
暗号化	146
暗号化アルゴリズム	147
暗号化鍵	147
暗号文	146
アンテナ	157
アンテナ共用器	41
アンペールの法則	63

【い】

イーサネット	137, 138
位相シフトキーイング	22
位相偏移変調	22
位相変調	20
位置登録エリア	53
一斉呼び出し	55
移動通信ネットワーク	141
イメージ信号	46
医療診断	171
インターネット	5, 111
インターネットサービスプロバイダ	91
インターネット層	136
インフラストラクチャ	90

【え】

エラー	137

【お】

折り返し	16
オンオフキーイング	99
音波	172

【か】

ガードインターバル	78
改ざん	144
回折	95
下位層	138
階層化	134
階層構造	136
解読	146
鍵配送問題	150
拡散	28
拡散率	28
確認応答	140
可聴音波	173
可聴周波数帯域	31
活性層	101
環境観測	171
環境観測技術衛星みどり2号	176
干渉	108, 141
観測衛星	173

【き】

基地局	2
機密性	145
逆拡散	30
キャリア波	20
共有	149
局部発振器	46

【く】

空間分解能	175
屈折	96
屈折率	96
クラッド	96
繰返し符号化	142
クロージャ	95
クローラ	126

【け】

経路選択	138
ケーブル	94
ゲルマニウム	98
検索サービス	125
減衰	141
検波	172

【こ】

コア	95, 96
公開鍵	151
公開鍵暗号	149
公開鍵証明書	153, 154
交換機	4
高周波発振器	32
高密度波長分割多重	107
コンスタレーション	24
コンセントレータ	170
コンボリューション	35

【さ】

雑音	141
サンプリング	14, 15
サンプリング定理	17

【し】

シーケンス番号	139

シーザー暗号		146
紫外吸収		98
時間領域		9
資源探査		171
時分割多重		103
シャノン		156
周波数		2
周波数シフトキーイング		22
周波数選択性フェージング		
		75
周波数分割デュプレックス		
		40
周波数分割複信		40
周波数偏移変調		22
周波数変調		20
周波数ホッピング方式		72
周波数領域		9
受動型（passive）センシング		172
瞬時周波数		21
上位層		138
消失パケット		137, 139
正真性		145
冗長ビット		142
所望波		16, 41
信号帯域		91
振幅シフトキーイング		22
振幅偏移変調		22
振幅変調		20
シンボルレート		24

【す】

スネルの法則		96
スペクトラム拡散方式		72
スペクトル		11
スペクトル拡散		28
スマートメータ		169

【せ】

制御情報		138
正孔		102
石英ガラス		93
赤外吸収		98

赤外光		92
セキュリティ		5
セル		53
センサネットワーク		157
センサノード		168
全数探索法		148

【そ】

素因数分解		151, 156
相互変調歪		45
ソーシャルネットワーキングサービス		129
ソフトウェア無線		48
損失		97

【た】

ターボ符号		143
対称暗号		149
多元接続		59
多重化		18, 58
畳み込み		35
畳み込み符号		143, 156
多値位相変調		109
単一換字暗号		148

【ち】

チェックサム		139
チェックデジット		165
地球観測衛星搭載だいち2号		174
チップレート		28
チャネル		3, 40
中間者攻撃		153
中間周波数		46
超音波		173
直接拡散方式		72
直交変調		26

【つ】

ツイッター		130
通信プロトコル		134

【て】

低雑音増幅器		42
ディジタル回路		158
ディジタル署名		153, 154
ディジタル変調		20
データベース		5
デュプレクサ		40
電子		101
電子現金		156
電子タグ		157
電子投票		156
電磁波		172
伝送速度		91
伝送ビット		142
伝送メディア		138
伝送路		90
伝導電子		102
電波		2
伝搬損失		97
電力増幅器		47

【と】

盗聴		144
ドメイン名		119
ドライエッチング		108
トランスインピーダンスアンプ		102
トランスデューサ（変換器）		172
トランスポート層		136

【な】

名前解決		121
成りすまし		145

【に】

認証		145, 156
認証局		154

【ね】

ネットワークアドレス		113

【の】

ネットワークインタフェース層	136, 141
能動型（active）センシング	172
ノード	90

【は】

バーコード	157
ハイブリッド暗号化システム	152
パケット	114, 138
——の消失	137
波長合波器	108
波長分割多重	106
波長分波器	106
波動方程式	173
ハミング符号化	143
搬送波	20, 91
反転	143
バンド	40
半導体レーザ	100
ハンドオーバ	55
バンドパスフィルタ	42

【ひ】

光ファイバ	4, 93
光ファイバケーブル	94
非接触ICカード	166
非線形性	44
ビットレート	24, 28
否認	145
非破壊検査	171
秘密鍵	151
秘密鍵暗号	149
秘密分散	156
平文	146

【ふ】

ファラデーの法則	63
フィルタ	35
フーリエ級数	11, 105
フォトダイオード	102
フォトリソグラフィ	108
復号化	172
復調	2, 172
符号化	14, 172
符号分割多元接続	27
ブランクの公式	176
フリスの伝達公式	66, 164
フリップチップ実装	158
フレーム	138
プレフィックス長	112
ブロードキャストアドレス	113
プロトコル	134
分散制御	117
分波器	41

【へ】

ページランクアルゴリズム	126
ページング	55
ベストエフォート	117
ヘッダ	137
変調	2, 19, 91, 172
変復調	2

【ほ】

妨害波	15, 41
放射計	176
放射率	177

【ま】

マイクロ波	174
曲げ損失	97
マルチホップ	170

【み】

見える化	170
ミキサ	33

【む】

無線LAN	4, 138
無線タグ	157

【め】

メッセージ	146
メモリ回路	158

【も】

モノのインターネット	157

【ゆ】

誘導放出	101

【り】

リーダライタ	157
リモートセンシング	171
量子アルゴリズム	156
量子化	14
リンク	90

【る】

ルータ	91, 115
ルーティングテーブル	115

【れ】

レイリー散乱	98
レーザダイオード	100
レイリー・ジーンズの近似公式	176

【ろ】

漏洩	144
ローパスフィルタ	38
ロングテール	130

【数字】

2値位相偏移変調	24
4値位相偏移変調	24
16QAM	26
16値直交振幅変調	26

【A】

active型	158
ADEOS-II	176
AdSense	128

索引 187

【A】
AdWords 126
A/D 変換器 13
AES 84, 149
ALOS-II 174
AM 20
Amazon.com 130
AQUA 177
ARQ 140
ASK 22
AWG 107

【B】
BCH 符号 143
beacon 型 159
BLE 85
Bluetooth 4
BPF 42
BPSK 24

【C】
CCK 72
CCMP 84
CDM 58
CDMA 27, 59
CS 型 128

【D】
DES 149
DNS 119
DNS サーバ 121
DSSS 72
DWDM 107

【F】
Facebook 5, 130
FDD 40, 57
FDM 58
FDMA 59
FM 20
FSK 22

【G】
Google 124
GPS 6, 162
GSM 40

【H】
HF 161
HTTP 137

【I】
IC 157
IC カード 6
IC 乗車券 6
IC タグ 157
ID 157
in situ 171
in vitro 171
in vivo 171
IoT 157
IP 137, 138
IP アドレス 5, 111, 138
ISM バンド 49, 72
IV 82

【J】
JAN コード 165
JAXA 174

【L】
Landsat 衛星 1 号 171
LDPC 符号 143, 156
LF 161
LINE 5, 129
LNA 42
LPF 38
L バンド 174

【M】
mod 2 142

【N】
NFC 166

【O】
OFDM 58, 62
OFDMA 59
on-off keying 99
one-time pad 156

【P】
P2P 型 128
PA 47
passive 型 159
PM 20
pn 接合 100, 102
POS 165
PSK 22, 83

【Q】
QAM 27, 109
QPSK 24, 109

【R】
Reed-Solomon 符号 143
RF 13
RFID 157
RFID タグ 157
RF アナログフロントエンド 158
RF タグ 157
RM 符号 156
RSA 暗号 151
RSS 162
RS 符号 156

【S】
semi-active 型 159
semi-passive 型 159
Skype 128
SMTP 137
SSL/TSL 152

【T】
TCP 137
TDD 57
TDM 58, 103
TDMA 59
TK 83

TKIP	83	
ToA	162	

【U】

UDP	137
UHF	161

【W】

WDM	106
WEP	82
Wi-Fi	4
WPA	82
WPA2	82

【Y】

Yahoo!	125
YouTube	131

―――編著者・著者略歴―――

和保孝夫（わほ　たかお）
- 1973 年　早稲田大学理工学部物理学科卒業
- 1975 年　早稲田大学大学院理工学研究科修士課程修了（物理学及び応用物理学専攻）
- 1975 年　日本電信電話公社（現在の日本電信電話株式会社）電気通信研究所勤務
- 1978 年　理学博士（早稲田大学）
- 1999 年　上智大学教授
- 2019 年　上智大学客員教授
   現在に至る

高橋　浩（たかはし　ひろし）
- 1986 年　東北大学工学部電気工学科卒業
- 1988 年　東北大学大学院工学研究科博士前期課程修了（電気及通信工学専攻）
- 1988 年　日本電信電話株式会社勤務
- 1997 年　博士（工学）（東北大学）
- 2013 年　上智大学准教授
- 2015 年　上智大学教授
   現在に至る

渋谷智治（しぶや　ともはる）
- 1992 年　東京工業大学工学部電気・電子工学科卒業
- 1994 年　東京工業大学大学院理工学研究科修士課程修了（集積システム工学専攻）
- 1994 年　東京工業大学助手
- 1999 年　博士（工学）（東京工業大学）
- 2003 年　大学共同利用機関メディア教育開発センター助教授
- 2008 年　上智大学准教授
- 2015 年　上智大学教授
   現在に至る

炭　親良（すみ　ちかよし）
- 1991 年　上智大学理工学部電気・電子工学科卒業
- 1993 年　上智大学大学院理工学研究科修士課程修了（電気・電子工学専攻）
- 1996 年　上智大学大学院理工学研究科博士課程修了（電気・電子工学専攻），博士（工学）
- 1996 年　日本学術振興会特別研究員（PD），上智大学，イリノイ大学（アメリカ），およびキール大学（イギリス）客員研究員
- 1998 年　上智大学講師
- 2008 年　上智大学准教授
   現在に至る

小川将克（おがわ　まさかつ）
- 1998 年　上智大学理工学部電気・電子工学科卒業
- 2000 年　上智大学大学院理工学研究科修士課程修了（電気・電子工学専攻）
- 2003 年　上智大学大学院理工学研究科博士課程修了（電気・電子工学専攻），博士（工学）
- 2004 年　日本電信電話株式会社勤務
- 2011 年　上智大学准教授
- 2018 年　上智大学教授
   現在に至る

萬代雅希（ばんだい　まさき）
- 1996 年　慶應義塾大学理工学部電気工学科卒業
- 1998 年　慶應義塾大学大学院理工学研究科修士課程修了（電気工学専攻）
- 1998 年　ソニー株式会社勤務
- 2004 年　慶應義塾大学大学院理工学研究科博士課程修了（開放環境科学専攻），博士（工学）
- 2004 年　静岡大学助手
- 2006 年～07 年　ブリティッシュコロンビア大学（カナダ）訪問研究員
- 2007 年　静岡大学助教
- 2009 年　静岡大学講師
- 2010 年　上智大学准教授
- 2018 年　上智大学教授
   現在に至る

林　等（はやし　ひとし）
- 1990 年　東京大学工学部電子工学科卒業
- 1992 年　東京大学大学院工学系研究科修士課程修了（電気工学専攻）
- 1992 年　日本電信電話株式会社勤務
- 2000 年　博士（工学）（東京大学）
- 2000 年～01 年　マサチューセッツ工科大学（アメリカ）客員研究員
- 2012 年　上智大学准教授
- 2017 年　上智大学教授
   現在に至る

はじめて学ぶ情報通信
Introduction to Communication Engineering
© Waho, Ogawa, Takahashi, Bandai, Shibuya, Hayashi, Sumi 2016

| 2016年10月26日 | 初版第1刷発行 | ★ |
| 2022年 8月15日 | 初版第2刷発行 | |

検印省略	編著者	和保 孝夫
	著 者	小川 将克
		高橋 浩
		萬代 雅希
		渋谷 智治
		林 等
		炭 親良
	発行者	株式会社 コロナ社
		代表者 牛来真也
	印刷所	三美印刷株式会社
	製本所	有限会社 愛千製本所

112−0011 東京都文京区千石 4-46-10
発行所 株式会社 コロナ社
CORONA PUBLISHING CO., LTD.
Tokyo Japan

振替 00140-8-14844・電話 (03) 3941-3131 (代)
ホームページ https://www.coronasha.co.jp

ISBN 978-4-339-02857-7 C3055 Printed in Japan (新井)

〈出版者著作権管理機構 委託出版物〉
本書の無断複製は著作権法上での例外を除き禁じられています。複製される場合は，そのつど事前に，出版者著作権管理機構（電話 03-5244-5088, FAX 03-5244-5089, e-mail: info@jcopy.or.jp）の許諾を得てください。

本書のコピー，スキャン，デジタル化等の無断複製は著作権法上での例外を除き禁じられています。購入者以外の第三者による本書の電子データ化及び電子書籍化は，いかなる場合も認めていません。
落丁・乱丁本はお取替えいたします。